Duden-Ratgeber

Bewerben für die Ausbildung

Duden-Ratgeber

Bewerben für die Ausbildung

Von der Ausbildungsplatzsuche bis zum
unterschriebenen Ausbildungsvertrag

2., aktualisierte und überarbeitete Auflage

Dudenverlag
Berlin · Mannheim · Zürich

Die **Duden-Sprachberatung** beantwortet Ihre Fragen zu Rechtschreibung, Grammatik, Zeichensetzung u. Ä.
montags bis freitags zwischen 09:00 und 17:00 Uhr.
Aus Deutschland: **09001 870098** (1,86 € pro Minute aus dem Festnetz)
Aus Österreich: **0900 844144** (1,80 € pro Minute aus dem Festnetz)
Aus der Schweiz: **0900 383360** (3,13 CHF pro Minute aus dem Festnetz)
Die Tarife für Anrufe aus den Mobilfunknetzen können davon abweichen.

Bibliografische Information der Deutschen Nationalbibliothek
Die Deutsche Nationalbibliothek verzeichnet diese Publikation in der Deutschen Nationalbibliografie; detaillierte bibliografische Daten sind im Internet über http://dnb.d-nb.de abrufbar.

© Duden 2013   D C B A
Bibliographisches Institut GmbH
Mecklenburgische Straße 53, 14197 Berlin

Redaktionelle Leitung Simone Senk, Constanze Schöder
Redaktion Claudia Fahlbusch
Autoren Judith Engst, Hans-Georg Willmann

Herstellung Andreas Preising, Petra Bachmann
Layout Horst Bachmann
Umschlaggestaltung Büroecco Kommunikationsdesign GmbH, Augsburg
Satz fotosatz griesheim GmbH, Griesheim
Druck und Bindung Heenemann GmbH & Co. KG, Bessemerstraße 83-91, 12103 Berlin
Printed in Germany

ISBN 978-3-411-73952-3

www.duden.de

Vor der Bewerbung

„Hauptsache, ich finde einen Ausbildungsplatz", denken viele junge Menschen, die kurz vor dem Schulabschluss stehen. Dabei übersehen sie, dass ihnen mit **irgendeinem** Ausbildungsplatz nicht geholfen wäre. Es muss schon **der richtige** Ausbildungsplatz sein. Auf der Suche nach einer Lehrstelle sollten Sie von vornherein darauf achten, einen Ausbildungsberuf auszuwählen, der möglichst genau zu Ihren Fähigkeiten und Neigungen passt. Das ist gleich aus zwei Gründen wichtig:

■ Die Konkurrenz um gute Ausbildungsplätze ist groß. Ihre Chancen sind umso besser, je plausibler Sie in Ihrer Bewerbung darlegen können, dass Sie die richtigen Eigenschaften und Interessen für den angestrebten Beruf mitbringen.

■ Ihre Ausbildung legt im Idealfall den Grundstein für Ihre gesamte spätere Berufstätigkeit. Wer seinen Ausbildungsberuf sorgfältig auswählt, läuft seltener Gefahr, später eine berufliche Kehrtwende vollziehen und in einem neuen Beruf wieder ganz von vorn anfangen zu müssen.

Bevor Sie also die Ausbildungsangebote durchforsten, Ihre Bewerbungsmappe erstellen und auf die Suche nach potenziellen Arbeitgebern gehen, sollten Sie sich zunächst Gedanken machen, in welche berufliche Richtung Sie überhaupt steuern möchten. Nehmen Sie sich genügend Zeit. Überlegen Sie sorgfältig, welche Berufe für Sie infrage kommen und welche nicht. Je klarer Ihre Vorstellungen sind, desto gezielter können Sie nach einem Ausbildungsplatz suchen und desto aussichtsreicher wird Ihre Suche voraussichtlich sein.

Den richtigen Ausbildungsplatz finden

Das A und O ist die Wahl des richtigen Berufs.

Irrwege und Sackgassen von Anfang an vermeiden

Eine gezielte Suche erhöht Ihre Chancen.

1.1 Was kann ich, was will ich und welche Berufe passen dazu?

Sie selbst entscheiden, was Sie werden wollen.

Das Wichtigste bei der Ausbildungs- und Berufswahl sind Ihre Wünsche und Vorstellungen. Als Schulabgängerin oder -abgänger bestimmen Sie selbst – und niemand anders –, welche Ausbildung oder welcher berufliche Werdegang für Sie am besten geeignet ist. Lassen Sie sich von niemandem zu einer Ausbildung überreden, an der Sie überhaupt kein Interesse haben. Die häufig gehörten Argumente erweisen sich oft als falsch.

Fallbeispiel Hanna B.s Fähigkeiten liegen eindeutig im kreativen Bereich. Sie bastelt und näht gerne und zeigt bei allem, was sie tut, Fantasie und handwerkliches Geschick. Trotzdem raten ihr Bekannte ihrer Eltern, sie solle doch im Mobilfunkshop nebenan eine Ausbildung zur Verkäuferin machen. Damit bekomme man derzeit fast überall eine Stelle, der Beruf sei ausgesprochen krisensicher. Schließlich werde es auch in Zukunft noch eine stetige Nachfrage nach Handys und anderen Mobilfunkgeräten geben. Überdies sei es doch praktisch, wenn Hanna ihre Ausbildung ohne lange Wege direkt in der Nachbarschaft absolvieren könne.

Rein praktische Erwägungen greifen zu kurz.

Vielleicht haben Sie Argumente dieser Art auch schon gehört: Eine bestimmte Ausbildung sei angeblich gerade am Arbeitsmarkt gefragt. Sie biete bessere Berufs- oder Karrierechancen als ein anderer Ausbildungsgang, der Ihnen womöglich besser gefallen würde. Auch praktische Erwägungen werden häufig ins Feld geführt: „Da kannst du noch zu Hause wohnen." „Da musst du nicht extra hinfahren."

Wenn Sie ein ungutes Gefühl bei der Sache haben – etwa, weil die betreffende Tätigkeit Sie nicht im Geringsten reizt –, lassen Sie die Finger davon. Die oben genannten Argumente greifen oft zu kurz. Entscheidungen, die allein nach der aktuellen Marktlage oder nach vermeintlich praktischen Gesichtspunkten getroffen werden, münden häufig in eine Sackgasse.

Die besseren Chancen am Arbeitsmarkt haben Sie langfristig, wenn Sie einen Ausbildungsberuf wählen, der möglichst gut zu Ihnen passt.

Bevor Sie sich Gedanken über die Marktchancen machen, fragen Sie sich zunächst nach Ihren Fähigkeiten, Interessen, Kenntnissen und Neigungen. Je besser diese mit den Anforderungen Ihres künftigen Berufs übereinstimmen, desto einfacher gestaltet sich Ihre Suche nach einem Ausbildungsplatz und desto größer ist die Wahrscheinlichkeit, dass Sie sich in Ausbildung und Beruf wohlfühlen.

Es kommt auf Ihre Fähigkeiten und Neigungen an.

*Profi*TIPP

Berufswahlorientierung
„Berufswahlorientierung" – so nennt man offiziell die Überlegungen, die Sie im Vorfeld der Bewerbungsphase anstellen. Es geht darum herauszufinden,
- was Sie gut können,
- was Sie gerne tun und
- welcher Ausbildungsberuf am besten zu diesen Fähigkeiten und Neigungen passt.

Rund 350 Ausbildungsberufe gibt es aktuell. Jedes Jahr kommen neue dazu. Dazu gehören beispielsweise
- soziale und erzieherische Berufe,
- kreative Berufe,
- handwerkliche Berufe,
- technische Berufe,
- Berufe im Bereich Wirtschaft, Verwaltung und Recht,
- Berufe in der Medienbranche,
- Berufe im Dienstleistungsbereich,
- Berufe im Bereich Landwirtschaft, Natur und Umwelt sowie
- Berufe im Bereich Verkehr und Logistik.

Die Ausbildung muss nicht immer drei- bis dreieinhalb Jahre dauern. Es gibt mehr und mehr Ausbildungsberufe, in denen Sie schon nach zwei Jahren einen Abschluss machen können. Die berufliche Qualifizierung geht allerdings nicht so sehr in die Tiefe.

Alternative: verkürzte Ausbildungen

Eine verkürzte Ausbildung ist sinnvoll für Sie, wenn eine lange Ausbildungszeit Sie eher abschreckt. Danach können Sie immer noch überlegen, ob Sie später ein bis anderthalb weitere Jahre aufwenden, um die volle Qualifikation zu erwerben.

> **Fallbeispiel** Sie lernen zunächst „Verkäufer / Verkäuferin" mit der Option, später „Kaufmann oder Kauffrau im Einzelhandel" zu werden. Oder Sie absolvieren eine Ausbildung zur „Fachkraft im Gastgewerbe" und überlegen danach, „Hotel- oder Restaurantfachmann/ -fachfrau" zu werden.

1.2 Fünf Schritte zur Wahl des richtigen Berufs

Mit der folgenden Anleitung in fünf Schritten können Sie aus der Vielfalt verschiedener Ausbildungsberufe diejenigen heraussieben, die am besten zu Ihnen passen.

Schritt 1: Berufswünsche auflisten und nach Vorlieben ordnen

Wunschliste erstellen

Erstellen Sie zunächst eine Liste mit Berufen, für die Sie sich interessieren. Schreiben Sie einfach alles auf, was Sie reizen könnte, gleichgültig, ob es nachher zwanzig Ausbildungsberufe sind oder nur fünf. Sie können auch über mehrere Wochen hinweg Ideen sammeln, die Sie nach und nach zu Papier bringen. Dabei darf ruhig eine „wilde", unstrukturierte Sammlung mit verschiedensten Interessenschwerpunkten herauskommen.

> **Fallbeispiel** Tobias R.s Liste: Kfz-Mechatroniker, Fahrzeuglackierer, Elektroniker, Fliesen-, Platten- und Mosaikleger, Bankkaufmann.

Gehen Sie mit offenen Augen durch die Welt. Sie werden bestimmt auf Berufe stoßen, die Ihnen auf Anhieb wahrscheinlich nicht in den Sinn gekommen wären. Auch im Internet können Sie auf Berufssuche gehen.

ProfiTIPP

Internetsuche nach Berufsfeldern

Bei der Internetsuche empfiehlt es sich, zunächst nach Berufsfeldern zu suchen. Listen Sie diejenigen auf, die Ihnen interessant erscheinen, beispielsweise „Metall, Maschinenbau" oder „Dienstleistung". Gehen Sie dazu auf die Website der Bundesagentur für Arbeit: www.berufenet.arbeitsagentur.de. Dort finden Sie eine Übersicht über alle Berufsfelder. Über den Suchweg „Berufsfelder" können Sie sich die Berufe anzeigen lassen, die zu den verschiedenen Branchen gehören.

Ordnen Sie die Liste Ihrer Wunschberufe nach der Frage, welche davon Sie am liebsten ergreifen würden. Die obersten drei, Ihre Favoriten, merken Sie sich für später. Bei den nächsten beiden Schritten spielt diese Favoritenliste aber keine Rolle. Erst in Schritt 4 brauchen Sie sie wieder.

Nach Favoriten ordnen

→ S. 20 ff.

Schritt 2: eigene Stärken und Schwächen einschätzen

Jetzt gilt es zu klären, welche Fähigkeiten und Interessen Sie für Ihre Ausbildung beziehungsweise für den Beruf Ihrer Wahl mitbringen. Versuchen Sie zunächst selbst, Ihre Stärken und Schwächen einzuschätzen. Ob diese Selbsteinschätzung wirklich stimmt, überprüfen Sie dann im nächsten Schritt anhand von Aussagen, die andere über Sie machen.

Selbstbild

---

*Profi***TIPP**

Ihre gesamte Persönlichkeit zählt

Ihre Stärken und Schwächen ergeben sich nicht automatisch aus Ihrem Schulzeugnis. Die schulischen Leistungen offenbaren nur einen Teil dessen, was Sie gut können und was vielleicht weniger gut. Bei der Berufswahlorientierung geht es darum, dass Sie sich ein möglichst umfassendes Bild von Ihrer gesamten Persönlichkeit machen. Dazu zählen auch Ihre Hobbys, Vorlieben, Talente und das, was Sie in Ihrer Freizeit am liebsten tun. Ihre Abneigungen, also das, was Sie weniger gerne tun, sollten Sie ebenfalls kennen. Nur alles zusammen gibt Aufschluss darüber, wo Ihre wirklichen Stärken liegen. Noch ein Hinweis: Wer in der Schule keine Glanzleistungen zeigt, muss beruflich noch lange nicht versagen. Gerade handwerkliches Talent, ausgeprägte soziale oder kommunikative Fähigkeiten oder Organisationstalent offenbaren sich erst, wenn Sie sich Ihr ganzes Leben anschauen und nicht nur das, was in der Schule im Mittelpunkt steht.

Bei einer solchen Selbsteinschätzung geht es nicht darum, eventuelle Schwächen zu bewerten, um sie möglichst auszumerzen oder daran zu arbeiten. Jeder Mensch kennt Dinge, die er nicht so gut kann, und Tätigkeiten, denen er nicht so gerne nachgeht. Wichtig ist, sich diese bewusst zu machen, um nicht einen völlig ungeeigneten Beruf zu wählen.

Keine Bewertung der eigenen Schwächen

Verbergen Sie Ihre vermeintlichen Schwächen daher auf keinen Fall, sondern benennen Sie sie möglichst klar. Das ist sehr wichtig, damit Sie nicht ausgerechnet in einer Ausbildung landen, bei der Sie ständig mit Aufgaben konfrontiert sind,

- die Ihnen schwerfallen,
- die Ihnen keinen Spaß machen oder
- an denen Sie gar zu scheitern drohen.

Der Fokus Ihrer Selbsteinschätzung ist allerdings darauf gerichtet, was Sie gut können und ausgesprochen gerne tun. Wenn Sie sich Ihrer Stärken bewusst sind, können Sie gezielt nach Berufen suchen, die zu Ihnen passen.

Der folgende Fragebogen bildet die Grundlage Ihrer Selbsteinschätzung. Zunächst werden darin Ihre schulischen Stärken abgefragt. Genauso wichtig ist aber auch der Teil, der sich mit Ihren Hobbys, Interessen und Freizeitaktivitäten beschäftigt. Gehen Sie die Fragen sorgfältig durch und machen Sie sich Notizen zu Ihren Stärken und Schwächen.

PraxisTIPP   **Fragebogen: meine Stärken und Schwächen**

In welchen Schulfächern bin ich gut?

Deutliche Schwerpunkte zeigen sich oft bereits in der Schule. Die einen sind beispielsweise gut in Deutsch und Fremdsprachen, die anderen vor allem in Mathematik und den naturwissenschaftlichen Fächern. Wieder anderen liegen die praktischen Fächer, also etwa Technik, Werkunterricht oder Hauswirtschaft. Bilden Sie Fächergruppen – so finden Sie heraus, auf welchem schulischen Gebiet Ihre Stärken liegen und was Sie nicht so gut können.

Welche Schulfächer machen mir besonders viel Spaß?

Noten sagen nicht alles. Wenn aus Ihrem Schulzeugnis keine klaren Stärken und Schwächen hervorgehen, dann überlegen Sie, welche Unterrichtsfächer Ihnen gefallen und für welche Sie sich weniger begeistern. Die Frage nach Ihren Vorlieben hilft auch, wenn einzelne Zeugnisnoten aus Ihrer Sicht nicht korrekt widerspiegeln, wie gut Sie in einem bestimmten Fach wirklich sind. Beispielsweise wird wegen geringer mündlicher Beteiligung oft nur ein „Befriedigend" vergeben. Betroffen davon sind jedoch auch Schülerinnen und Schüler, die eigentlich ein „Gut" verdient hätten, die aber im Unterricht eher schüchtern oder zurückhaltend sind.

Vorsicht: Bei der Frage nach Ihren Lieblingsfächern geht es um die Inhalte und nicht etwa darum, ob Ihnen der Lehrer oder die Lehrerin zusagt.

■ **Beherrsche ich eine oder mehrere Fremdsprachen?**

Denken Sie bei dieser Frage nicht nur an die Schulfächer Englisch, Französisch usw. Zwar erfordern viele Berufe mit Auslandsbezug, wie z. B. Außenhandelskaufmann oder Fremdsprachensekretärin, vor allem die gängigen Handelssprachen. Denken Sie jedoch auch an Sprachen, mit denen Sie von Kindheit an vertraut sind. Vielleicht stammen Sie ja aus einer Migrantenfamilie und sprechen außer Deutsch auch noch Italienisch, Türkisch oder Russisch? Für bestimmte Arbeitgeber sind gerade solche Sprachkenntnisse interessant.

> Die Polizei der einzelnen Bundesländer sucht ihren Nachwuchs verstärkt unter jungen Leuten aus Migrantenfamilien. Grund: In Stadtteilen mit hohem Ausländeranteil können zweisprachige Polizistinnen und Polizisten viel besser vermitteln.

■ **Kann ich mich schriftlich gut ausdrücken?**

Ihre Deutschnote kann ein Indiz für sprachliche Ausdrucksfähigkeit sein. Sie setzt sich aber zum Teil aus der Bewertung Ihrer Aufsätze, Erörterungen, Textinterpretationen usw. zusammen und beurteilt nicht allein Ihr schriftliches Ausdrucksvermögen, sondern auch das Textverständnis. Um herauszufinden, wie gut Sie tatsächlich schreiben können, helfen Ihnen diese Fragen weiter:

- Lesen Sie gerne und viel, z. B. in Büchern oder in der Tageszeitung? (Wer viel liest, schreibt in der Regel auch gut.)
- Fällt es Ihnen leicht, Ihre Gedanken auch zu Papier zu bringen, also beispielsweise Briefe oder E-Mails zu schreiben? (SMS schreiben zählt hier nicht dazu!)
- Sind Sie fit, was Rechtschreibung und Grammatik angeht?

Falls Sie alle drei Fragen mit Ja beantworten können, gehört die schriftliche Kommunikation zweifellos zu Ihren Stärken.

> Gefragt ist dieses Talent beispielsweise bei vielen Büroberufen, aber auch in der Medien- und Werbebranche.

■ **Kann ich gut rechnen und mit Zahlen umgehen?**

Ein Hinweis darauf ist Ihre Mathematiknote. Aber auch sie offenbart nicht alle Ihre Stärken oder Schwächen im Umgang mit Zahlen. Im Fach Mathematik geht es oft um abstrakte Aufgaben und weniger um das reine Zahlenverständnis. Es gibt folglich viele Schülerinnen und Schüler mit nur mittelmäßiger Mathematiknote, die trotzdem mit Zahlen umgehen können. Fragen Sie sich:

- Bin ich gut im Kopfrechnen?
- Kann ich mir Zahlen gut merken?
- Fällt es mir leicht, in Größenordnungen zu denken? (Beispiel: Ist eine Stadt mit 150 000 Einwohnern groß, mittelgroß oder klein? In welcher Größenordnung liegt der Preis für ein Mofa?)
- Kann ich Zahlengrafiken, Diagramme und Tabellen auf einen Blick erfassen?

Je häufiger Sie mit Ja antworten, desto eher gehört der Umgang mit Zahlen zu Ihren Stärken.

Gutes Zahlenverständnis ist beispielsweise in vielen kaufmännischen und technischen Berufen von Vorteil.

■ Was sind meine Hobbys? Womit beschäftige ich mich in der Freizeit?

Hobbys verweisen auf Gebiete, mit denen Sie sich gerne befassen und in denen Sie in aller Regel auch gut sind. Deshalb liefern Ihre Hobbys bei der Berufswahl gleich in mehrfacher Hinsicht wertvolle Hinweise:

■ Begabungen:

Wer gerne singt, musiziert, malt, zeichnet oder fotografiert, hat Interesse und womöglich Talent im künstlerisch-kreativen Bereich. Wer gerne bastelt oder handarbeitet, zeigt damit Kreativität und feinmotorisches Geschick. Tüfteleien und Reparaturarbeiten, z. B. an Autos, Mofas und Fahrrädern, offenbaren darüber hinaus technisches Verständnis.

■ Sozialverhalten und Führungsstärke:

Mannschaftssportarten wie Fußball, Volleyball und Basketball lassen auf Teamfähigkeit schließen. Wer Mannschaftskapitän ist oder eine Jugendgruppe leitet, besitzt wahrscheinlich Führungsstärke, kann also womöglich Mitarbeiter anleiten. Es gibt andererseits auch Hobbys, die eher auf introvertierte, also nach innen gekehrte Menschen verweisen, etwa Computerspiele, Schach oder eine Sammelleidenschaft. Sie lassen zwar weniger auf Führungsstärke, aber dafür auf konzentriertes, detailgenaues Arbeiten – ob im Team oder allein – schließen.

■ Qualifikationen, die durch ein Hobby erworben werden:

Wer gut Klavier spielt, kann in der Regel auch mühelos auf einer Computertastatur tippen. Wer Schach spielt, kann sich üblicherweise sehr gut auf eine schwierige Aufgabe konzentrieren und strategisch denken.

■ Fällt es mir leicht, mit anderen Menschen ins Gespräch zu kommen?

Kommunikationsfähigkeit wird heute in vielen Berufen großgeschrieben. Vor allem, wenn Sie mit Kunden oder Geschäftspartnern zu tun haben, müssen Sie kontakt- und kommunikationsfreudig sein.

Am Empfang eines Hotels, in der Gastronomie oder im Verkauf müssen Sie dazu in der Lage sein, offen auf Gäste oder mögliche Kunden zuzugehen.

Machen Sie sich keine Sorgen, wenn Sie nicht zu den Menschen gehören, die besonders gerne auf andere zugehen. Kommunikationsfähigkeit ist nicht in allen Berufen wichtig.

Kontaktfreudigkeit ist eher entbehrlich in einem Montageberuf in Handwerk und Industrie oder bei der Sachbearbeitung in Wirtschaft und Verwaltung.

Angenommen, Sie möchten nicht ständig mit neuen Menschen zu tun haben? Sie möchten Ihre Aufgaben lieber allein oder in einem festen Team ohne ständig wechselnde Ansprechpartner und ohne Kundenkontakt erledigen?

Dann sollten Sie das bei Ihrer Berufswahl berücksichtigen. In diesem Fall ist ein Ausbildungsberuf, bei dem es nicht so sehr auf Kontakt- und Kommunikationsfähigkeit ankommt, besser.

■ **Bin ich gerne mit anderen Menschen zusammen oder lieber allein?**
Die vorige Frage zielt eher darauf ab, wie Sie mit fremden Menschen umgehen. Jetzt geht es darum, ob Sie lieber allein oder im Team arbeiten. Schüchterne Menschen haben meist kein Problem damit, mit Menschen zusammenzuarbeiten, die sie gut kennen. Sie scheuen aber davor zurück, dauernd neue Menschen, z. B. Kunden, Geschäftspartner oder Besucher, ansprechen zu müssen. Überlegen Sie: Sind Sie ein „Teamplayer", also ein Mensch, der Aufgaben gerne zusammen mit anderen in Angriff nimmt? Oder gehören Sie eher zu den Menschen, die lieber alles allein erledigen?
Achtung: Die Frage nach der Teamfähigkeit wird oft allzu leichtfertig mit Ja beantwortet. Viele Schülerinnen und Schüler haben das Gefühl, ohne diese Qualifikation gäbe es keinerlei Aussicht auf einen Ausbildungsplatz. Es gibt aber auch genügend Berufe, bei denen Sie nicht ständig den Kontakt zu anderen brauchen.

> Beispiele dafür sind etwa Berufe, die sich mit Sachbearbeitung, Buchhaltung, Verwaltung, medizinischer oder technischer Dokumentation, Produktprüfung oder Qualitätskontrolle beschäftigen.

Stehen Sie ruhig dazu, wenn Sie lieber allein arbeiten. Daran ist nichts Verwerfliches. Ein Anhaltspunkt für die Beantwortung dieser Frage könnte sein, ob Sie zur Vorbereitung auf Klassenarbeiten und Prüfungen lieber eine Lerngruppe bilden oder ob Sie lieber allein lernen. Auch ein Blick auf Ihre Hobbys kann weiterhelfen: Verbringen Sie Stunde um Stunde damit, allein eine Sammlung zu sortieren oder allein an einem technischen Gerät herumzutüfteln? Das spricht dafür, dass Ihnen die Arbeit als „Einzelkämpfer" auch im Beruf lieber wäre.

■ **Treibe ich gerne Sport und bin ich körperlich fit?**
Sport treiben Menschen, die sich in der Regel gerne bewegen, fit sind, körperliche Belastungen gut aushalten und oft auch ein erstaunliches Durchhaltevermögen haben. Besonders Ausdauersportarten wie Laufen, Schwimmen, Radfahren oder Klettern deuten auf solche Fähigkeiten hin. Gefragt sind sie beispielsweise in vielen handwerklichen und technischen Berufen, aber auch bei Berufen aus den Bereichen Pflege, Gesundheit und Sport.

> Ein Maurer muss körperlich fit sein; er muss häufig schweres Baumaterial anheben, tragen oder es mit der Schubkarre von einem Ort zum anderen befördern. Ebenso sind Sportlichkeit und Koordinationsfähigkeit etwa bei Alten- und Krankenpflegerinnen und -pflegern, Fitnesstrainerinnen und -trainern oder Physiotherapeutinnen und -therapeuten gefragt.

■ **Bin ich handwerklich geschickt?**
Renovieren, reparieren oder basteln Sie gerne? Solche Tätigkeiten offenbaren gleich zwei Stärken: eine gewisse feinmotorische Begabung und technisches Verständnis.

Wenn beispielsweise Ihre Freunde, Familienmitglieder oder Nachbarn ihre Fahrräder, Mofas, Computer oder sonstigen Geräte bei Ihnen zur Reparatur abliefern, dann ist diese Stärke bei Ihnen ohne Zweifel vorhanden. Gleiches gilt, wenn Sie Spaß am Malern und Tapezieren haben.

■ Beschäftige ich mich gerne mit Computern, Handys usw.?

Sitzen Sie gerne vor dem Rechner? Haben Sie keinerlei Schwierigkeiten damit, die neuesten Programme zu installieren oder einen Computer nach einem Absturz wieder zum Laufen zu bringen? Haben Sie im Nu herausgefunden, wie sich Ihr neues Handy bedienen lässt, und nutzen Sie bei all diesen Geräten technische Funktionen, von denen andere noch nicht einmal wissen, dass es sie gibt? Fragen Freunde oder Bekannte Sie häufig um Rat, wenn sie Probleme mit ihrem Computer haben? Wenn ja, dann spricht das dafür, dass ein Beruf im IT-Bereich (Information und Telekommunikation) genau das Richtige für Sie sein könnte.

■ Bin ich kreativ?

Wer beispielsweise gerne singt, tanzt, ein Instrument spielt, malt, fotografiert, schauspielert, schneidert oder bastelt, hat kreative Fähigkeiten. Nur selten wird es allerdings möglich sein, ein solches Kreativhobby direkt zum Beruf zu machen. Es ist schwierig, etwa als Sängerin, Musiker, Kunstmalerin oder Schauspieler Fuß zu fassen und sich seinen Lebensunterhalt damit zu verdienen. Ausbildungsberufe, bei denen Ihr kreatives Talent gefragt ist, gibt es aber genügend.

> Beispiele dafür sind Mediengestalter/-in, Bauzeichner/-in, Restaurator/-in, Erzieher/-in, Musiklehrer/-in, Raumausstatter/-in oder Maskenbildner/-in.

■ Habe ich ausgeprägte soziale Stärken?

Bei vielen Schülerinnen und Schülern zeigt sich schon früh das Bedürfnis und die Fähigkeit, anderen zu helfen. Sie setzen sich beispielsweise für schwächere Mitschüler ein oder engagieren sich in einem sozialen Projekt.

> Hierzu passen Berufe im karitativen, sozialen oder kirchlichen Bereich, im Gesundheitswesen, aber auch im pädagogischen Bereich.

Auch Konfliktfähigkeit ist in vielen Berufen erforderlich, nicht nur bei Polizei und Sicherheitsdiensten.

> Beispielsweise geht es bei der Arbeit im Verkauf oder an einer Beschwerdehotline oft darum, unzufriedene Kunden zu beschwichtigen.

■ Koche oder backe ich gerne, bewirte ich gerne Gäste?

Wenn Sie häufig Freunde einladen, gerne in der Küche hantieren und Wert auf ein gemütliches, einladendes Zimmer legen, könnten Sie dieses Talent auch beruflich nutzen.

> Denkbar wäre beispielsweise ein Ausbildungsberuf in den Bereichen Touristik, Veranstaltungsmanagement oder Gastronomie.

▇ Kann ich gut organisieren?

In jeder Klasse finden sich Schüler, die mit Freuden die Organisation des nächsten Klassenfests oder Schulausflugs übernehmen. Gehören Sie dazu? Das spräche dafür, dass Sie Organisationstalent besitzen.

Aber auch an ganz alltäglichen Dingen sehen Sie, wie gut Sie organisieren können: Finden Sie in Ihrem Zimmer stets mühelos, was Sie suchen? Können Sie Wichtiges von Unwichtigem unterscheiden und gehen Sie die wichtigen Aufgaben immer zuerst an? Planen Sie den Zeitbedarf für Ihre Hausaufgaben realistisch ein? Teilen Sie sich die Zeit für die Vorbereitung auf eine Klassenarbeit vorher ein oder lernen Sie ohne Zeiteinteilung munter drauflos? Bleibt Ihnen genug Freizeit?

> Organisationstalent ist beispielsweise unabdingbar in kaufmännischen Berufen, im Büro und in der Verwaltung, aber auch im Veranstaltungsmanagement und in der Touristik.

▇ Wie leicht fällt es mir, Verantwortung zu übernehmen?

Verantwortungsbewusstsein heißt, sich verantwortlich zu fühlen, beispielsweise für andere Menschen, für ein Haustier, für ein Amt, für eine freiwillige soziale Tätigkeit. Wenn Sie etwa eine Jugendgruppe leiten, Klassensprecherin oder Klassensprecher sind, sich um ein eigenes Haustier kümmern oder im Tierheim regelmäßig Hunde ausführen oder Katzen füttern, deutet das auf Verantwortungsbewusstsein hin.

Das ist im Beruf eine ausgesprochen hilfreiche Qualifikation: Wer Ihnen Verantwortung überträgt, kann sich darauf verlassen, dass Sie sich gewissenhaft um die entsprechende Aufgabe kümmern.

> Verantwortungsbewusstsein ist in einigen Berufen unabdingbar und in fast allen Berufen gefragt. Dennoch gibt es Unterschiede: Vergisst ein Bürokaufmann vielleicht einmal eine seiner Aufgaben, wird das in der Regel weniger schlimme Folgen haben als bei einer Pflegekraft im Krankenhaus oder Altersheim.

▇ Lege ich Wert auf mein Äußeres und auf ein gepflegtes Erscheinungsbild?

Bei vielen Berufen, vor allem bei solchen mit Kundenkontakt, gehört ein gepflegtes Erscheinungsbild zu den Grundvoraussetzungen.

> Sind Sie am liebsten in Jeans und T-Shirt unterwegs und fühlen Sie sich in Anzug oder Kostüm ausgesprochen unwohl? Dann ist eine Ausbildung in einer Bank vielleicht nicht gerade das Richtige für Sie. Und als Verkäufer in einem konservativen Modegeschäft werden Sie wohl ebenfalls nicht glücklich werden. Es gibt aber auch viele Berufe, bei denen es weniger auf Außenwirkung und Erscheinungsbild ankommt, z. B. im Handwerk oder in den Werkshallen eines Industriebetriebs.

▇ Bin ich belastbar?

Bei dieser Frage geht es nicht nur darum, wie viel Sie aushalten können, sondern auch darum, mit welchen Arten von Belastung Sie zurechtkommen.

■ Psychische Belastungen:

Die Kranken- und Altenpflege beispielsweise kann sehr belastend sein. In diesem Bereich haben Sie oft mit Menschen zu tun, die sehr krank sind. Können Sie das aushalten, ohne dass Sie dadurch dauerhaft in ein Stimmungstief geraten? Besonders häufig sind auch Belastungen, die durch Arbeits- und Zeitdruck verursacht werden. In der Medien- oder Werbebranche herrscht häufig Termindruck. Das Gleiche gilt beispielsweise in der Industrie, etwa bei einem Automobilzulieferer, wo die bestellten Teile pünktlich beim Kunden sein müssen, damit dieser sie sofort weiterverarbeiten kann.

Kommen Sie mit solchem Druck zurecht? Schon die Frage, wie nervös Sie vor Klassenarbeiten sind und wie gut Sie mit dem Leistungsdruck in der Schule klarkommen, kann Ihnen eine Antwort darauf geben.

■ Physische Belastbarkeit:

Kommen Nachtarbeit, häufiger Schichtwechsel, viele Geschäftsreisen, unregelmäßige Tagesabläufe und schwere körperliche Arbeit für Sie infrage, oder würden Sie sich damit herumquälen? Fragen Sie sich, womit Sie gut zurechtkommen und womit weniger. Als Restaurantfachmann bzw. -fachfrau (landläufig: Kellner/Kellnerin) darf Ihnen beispielsweise die Arbeit bis spät in die Nacht hinein nichts ausmachen.

Wenn ein Ausbildungsberuf zwangsläufig an eine bestimmte Belastung gekoppelt ist, die Sie besonders zermürbt, sollten Sie ihn erst gar nicht in die engere Auswahl einbeziehen.

Macht es mir etwas aus, viel unterwegs zu sein?

Das ist gewissermaßen ein Unterpunkt zum Thema „Belastbarkeit", an den viele nicht denken. Sie fahren bestimmt gerne in den Urlaub. Aber können Sie sich auch vorstellen, beruflich viel unterwegs zu sein, beispielsweise als Bauarbeiter an verschiedenen Montageorten, als Berufskraftfahrerin oder Flugbegleiter?

Überlegen Sie: Schlafen Sie anderswo tief und gut oder eher unruhig? Machen Ihnen lange Fahrten etwas aus? Wenn ja, wählen Sie keinen Beruf, bei dem Reisen an der Tagesordnung sind.

Leide ich unter gesundheitlichen Problemen oder Einschränkungen?

Bedenken Sie bei der Berufswahl auch eventuelle körperliche Einschränkungen.

Wer hörgeschädigt ist, tut sich womöglich mit dem Telefonieren schwer. Wer Knieprobleme hat, sollte keinen Beruf auswählen, bei dem er den ganzen Tag im Stehen zubringt.

Gibt es sonstige wichtige Einschränkungen?

Auch an Einschränkungen anderer Art sollten Sie denken:

Eine medizinische Fachangestellte (landläufig: Arzthelferin) sollte Blut sehen können, ein Dachdecker sollte schwindelfrei sein, ein Arbeiter im Straßen- oder Hochbau muss unempfindlich gegen Kälte oder starke Sonneneinstrahlung sein.

Meist stellt sich diese Frage aber erst, wenn Sie schon einen oder mehrere konkrete Ausbildungsberufe ins Auge gefasst haben.

Gehen Sie Ihre Notizen zu den Fragen aus dem Fragebogen später noch einmal durch und ergänzen Sie diese. Auf diese Weise erhalten Sie nach und nach ein recht genaues Bild von sich selbst. Welche Ergänzungen das sein könnten, erfahren Sie im nächsten Schritt.

Schritt 3: andere nach Ihren Stärken und Schwächen fragen

Ein vollständiges Bild über Ihre Stärken und Schwächen erhalten Sie erst, wenn Sie andere Menschen befragen. Sie werden bei Ihnen Stärken entdecken, auf die Sie von selbst womöglich nie gekommen wären. Es kann umgekehrt natürlich auch sein, dass andere bei Ihnen Schwächen erkennen, die Sie selbst nicht sehen.

Fremdbild

Profi TIPP

Mehrere Meinungen einholen

Holen Sie eine zweite und möglichst auch dritte Meinung zu Ihren Stärken und Schwächen ein. Meist wird die Palette Ihrer Fähigkeiten, Kenntnisse und Neigungen erweitert, wenn Sie den obigen Fragenkatalog Familienmitgliedern, Freunden oder Bekannten vorlegen.

Suchen Sie sich Menschen aus, denen Sie vertrauen, die es gut mit Ihnen meinen und die ehrlich zu Ihnen sind. Schmeicheleien nützen Ihnen ebenso wenig wie harte oder gar überzogene Kritik.

Vertrauensperson suchen

Denken Sie daran: Es geht um die Benennung Ihrer Stärken und Schwächen, nicht um deren Bewertung. Schon gar nicht geht es darum, dass Sie unbedingt vor Antritt Ihrer Ausbildung daran arbeiten sollten, all Ihre Schwächen auszumerzen. Aber kennen sollten Sie sie, damit Sie im Berufsleben nicht dauernd mit Anforderungen konfrontiert sind, die Sie im Grunde überfordern. Wenn jemand Ihnen also schonungslos ins Gesicht sagt, was Sie seiner Meinung nach alles nicht können und woran Sie unbedingt noch arbeiten sollten, dann suchen Sie sich lieber eine andere Person, die Sie neutral bewertet, ohne Sie herabsetzen oder belehren zu wollen.

Sie können sich beispielsweise mit Schul- oder Klassenkameradinnen und -kameraden zusammentun. Hier besteht aber die Gefahr, dass Ihre schulischen Stärken und Schwächen überbewertet werden. Fragen Sie deshalb auch Menschen, die Sie aus anderen Bereichen kennen.

Richten Sie Ihre Fragen zum Beispiel an

Familienmitglieder

- Familienmitglieder, die Ihren Ordnungssinn, Ihre Organisationsfähigkeit und Ihre sozialen Stärken und Schwächen oft sehr gut einschätzen können,

Freunde und Freundinnen

- Freunde oder Freundinnen, mit denen zusammen Sie möglicherweise Ihren Hobbys nachgehen und dabei bestimmte Fähigkeiten und Talente offenbaren, oder

Bekannte

- Bekannte, mit denen Sie in einem Verein, einem sozialen Projekt oder einer politischen Organisation engagiert sind.

---

*Profi*TIPP

Fremde befragen

Fragen Sie – wenn es sich anbietet – ruhig auch einige Menschen, die nicht zu Ihrem engeren Bekanntenkreis gehören, sondern die Sie nur flüchtig kennen. Dadurch erfahren Sie, welchen „ersten Eindruck" Sie bei anderen hinterlassen. In manchen Berufen kommt es gerade auf das Erscheinungsbild an oder darauf, wie schnell Sie mit anderen ins Gespräch kommen. Erklären Sie, dass Sie diese Einschätzung für die Berufswahl brauchen. Dann finden Sie sicher Menschen, die Ihnen gerne weiterhelfen.

Schritt 4: Berufswünsche mit Stärken und Schwächen abgleichen

Passen Ihre Berufswünsche zu Ihnen?

Sie haben mittlerweile ein umfassendes Bild von Ihren Fähigkeiten und Neigungen. Nehmen Sie jetzt die Liste aus Schritt 1 zur Hand. Gleichen Sie Ihre Berufswünsche mit Ihren Stärken und Schwächen ab. Dazu müssen Sie zunächst einmal wissen, welche Fähigkeiten und Eigenschaften Ihre Berufsfavoriten überhaupt von Ihnen erfordern. Hier hilft die Bundesagentur für Arbeit weiter. Sie bietet zu jedem Ausbildungsberuf eine detaillierte Beschreibung

**Berufsbeschreibung der Bundesagentur für Arbeit
→ ProfiTIPP S. 21**

- der Tätigkeit,
- der Ausbildung,
- der Interessen und Fähigkeiten, die Sie für Ihren Wunschberuf mitbringen sollten,
- der Kompetenzen, die Sie sich in Ihrer Ausbildung aneignen.

Vor allem die Beschreibung der Berufstätigkeit selbst sowie der Interessen und Fähigkeiten, die Sie mitbringen sollten, ist für Ihre Berufswahl von Belang.

*Profi***TIPP**

Informationen beschaffen

- Besuchen Sie eine Agentur für Arbeit in Ihrer Nähe. Daran ange-schlossen ist immer ein sogenanntes Berufsinformationszent-rum, kurz BIZ. Dort können Sie sich die Informationen über die einzelnen Ausbildungsberufe in Form eines kostenlosen Merk-blatts mitnehmen.
- Auch im Internet finden sie die gewünschten Auskünfte. Gehen Sie dazu auf die Website www.berufenet.arbeitsagentur.de. Unter dem Navigationspunkt „Suche" können Sie die Berufsbezeich-nung eingeben. Allerdings kann es sein, dass sich die Bezeich-nung eines Berufs geändert hat. So heißt etwa ein früherer „Automechaniker" heute „Kfz-Mechatroniker", ein „Kellner" ist „Restaurantfachmann" oder „Fachkraft Gastgewerbe" und eine „Arzthelferin" trägt heute die Berufsbezeichnung „medizinische Fachangestellte". Meist kommen Sie aber auch durch die Eingabe der alten Berufsbezeichnung ans Ziel.
Sollten Sie den gewünschten Beruf über die Suchfunktion nicht finden, versuchen Sie es am besten über den Suchweg „Berufsfel-der". Klicken Sie dort weiter, bis Sie gefunden haben, was Ihrem Berufswunsch entspricht.
- Sie können sich zu vielen Berufen im Internet auch Filme anse-hen, die ebenfalls von der Bundesagentur für Arbeit zur Verfü-gung gestellt werden. Mehr dazu finden Sie unter www.berufe.tv.

Jetzt ist Ehrlichkeit gefragt: Passt das, was Sie können, was Sie wollen und worin Sie gut sind, auch wirklich zu einem der Berufe auf Ihrer Favoritenliste? Falls ja, ist das schon ein klarer Hinweis darauf, dass Sie einen Ausbildungsgang gefunden haben, auf den es sich möglicherweise zu bewerben lohnt. Viele Jugendliche auf Ausbildungssuche machen aber die Erfahrung, dass es nicht passt. Sehr oft kommt bei diesem Abgleich heraus, dass sie ganz andere Erwartungen an Ihren Wunschberuf haben als

Anforderungen mit eigenen Stärken und Schwächen abgleichen

- das, woraus die angestrebte Tätigkeit in Wirklichkeit besteht, und
- das, was an Fähigkeiten und Neigungen dafür erforderlich ist.

Das folgende Beispiel zeigt, wie falsche Erwartungen schnell zu einer unpassenden Berufswahl führen können.

Beispiel für eine
unpassende Berufs-
wahl

Fallbeispiel An erster Stelle auf Jonas L.s Wunschliste findet sich der Beruf „Bürokaufmann". Dem Merkblatt der Bundesagentur für Arbeit entnimmt er, dass in diesem Beruf der Umgang mit Zahlen und Daten erforderlich ist und dass eine Neigung zu schriftlicher Tätigkeit ebenfalls zu den Voraussetzungen gehört. Allerdings besitzt Jonas L. weder ein ausgeprägtes Zahlenverständnis noch kann er sich schriftlich besonders gut ausdrücken. Vielmehr liegen seine Talente vor allem im handwerklichen Bereich. Bürokaufmann wäre also nicht der richtige Beruf für ihn.

Falsche Erwartungen

Wie konnte es zu dieser Fehleinschätzung kommen? Jonas' Motivation, Bürokaufmann zu werden, resultiert vor allem aus dem Wunsch, im Warmen zu arbeiten. Da sein Vater jahraus, jahrein auf der Baustelle gearbeitet hat, war ihm früh klar, dass er keinen Beruf ergreifen möchte, der sich hauptsächlich im Freien abspielt und bei dem er häufig frieren muss. Eine Bürotätigkeit erschien ihm da ideal. Bei dieser Überlegung hat er ganz vergessen, sich die notwendigen Voraussetzungen für seinen Wunschberuf anzuschauen. Das ist sicher ein krasses Beispiel. Es zeigt aber, dass die Erwartungen an einen Beruf oft ganz andere sind als die tatsächlichen Gegebenheiten, auf die es nachher ankommt.

Fallbeispiel Eine Arbeit im Warmen und eine handwerkliche Ausrichtung müssen sich nicht widersprechen. Jonas L. sucht jetzt gezielt nach Berufen, bei denen beides möglich ist. So gibt es viele Ausbildungsgänge in Handwerk und Industrie, bei denen er im Winter in einer beheizten Werkshalle arbeiten kann.

Unpassende Berufe
von der Favoritenliste
streichen

Gibt es auch auf Ihrer Favoritenliste Berufe, die überhaupt nicht zu Ihren Stärken und Schwächen oder zu Ihren Vorstellungen passen? Dann streichen Sie sie. Kleinere Abweichungen sind nicht zwangsläufig ein Hindernis, es doch mit einem bestimmten Beruf zu versuchen. Sie müssen eben wissen, worauf Sie sich einlassen. Aber sobald ein Beruf eine Anforderung an Sie stellt, mit der Sie nicht gut zurechtkommen, ist das ein Alarmzeichen.

Manchmal sind
Kompromisse nötig.

Fragen Sie sich auch, wie realistisch Ihre Erwartungen sind und ob sich all Ihre Wünsche umsetzen lassen. Einen Kompromiss müssen Sie vielleicht eingehen – etwa dass in einem Büroberuf auch Fremdsprachenkenntnisse von Ihnen verlangt werden, obwohl Sie allenfalls eine mittelmäßige Begabung dafür mitbringen.

Deutliche Abweichungen zu dem, was Sie können und wollen, sollten Sie jedoch nicht einfach hinnehmen. Das führt in den meisten Fällen zur falschen Berufswahl. Suchen Sie zunächst weiter. Denn von Ihrer Favoritenliste ganz abgesehen, gibt es viele Ausbildungsberufe, die Sie noch gar nicht kennen, die aber vielleicht ausgezeichnet zu Ihnen passen. Dazu gleich mehr im nächsten Schritt.

Schritt 5: weitere Berufe suchen und finden

Wenn Sie mehr oder weniger große Abweichungen zwischen Ihren Stärken oder Schwächen und den Wunschberufen auf Ihrer Liste feststellen, suchen Sie nach Berufen, die besser zu Ihnen passen. Weitersuchen sollten Sie auch, wenn Ihre Liste zwar passende Berufe enthält, wenn Sie aber befürchten, dass es dafür nur wenige Stellenangebote oder eine übergroße Konkurrenz gibt.

Favoritenliste überarbeiten

Fallbeispiel Rund ein Viertel aller Ausbildungsplatzsuchenden bewerben sich für die gleichen Berufe. Die Favoriten bei vielen Jungen sind Kfz-Mechatroniker, Büro- oder Industriekaufmann und Koch. Bei den Mädchen stehen Berufe wie Verkäuferin, Friseurin oder ebenfalls Bürokauffrau hoch im Kurs. Zwangsläufig ist jedoch die Zahl der Ausbildungsplätze in diesen Berufen begrenzt.

Häufige Berufswünsche

Suchen Sie daher Alternativen, die Ihnen ebenfalls gefallen könnten. Auch bei dieser Suche bietet die Bundesagentur für Arbeit Unterstützung.

Profi TIPP

Berufserkundung im Internet

Bei Ihren Recherchen hilft Ihnen www.planet-beruf.de. Unter „Berufe-Universum" gibt es ein Selbsterkundungsprogramm mit dem Titel „Du suchst deinen Beruf? Willkommen im BERUFE-Universum!" Sie beantworten dort in einem interaktiven Spiel Fragen nach Ihren Interessen und Fähigkeiten. Anschließend erhalten Sie eine Liste mit Berufen, die dazu passen würden. Unter diesen Vorschlägen können Sie dann heraussuchen, was für Sie infrage kommt.

Zugeschnitten ist dieses Programm auf Schülerinnen und Schüler, die den mittleren Schulabschluss – also zum Beispiel Realschule oder Fachoberschule – anstreben.

Berufserkundung in Zeitungen
Studieren Sie die Stellenanzeigen der Zeitungen. Möglicherweise stoßen Sie hier auf Berufe, die interessant klingen. Mehr dazu erfahren
Sie dann im Berufsinformationszentrum (BIZ) Ihrer Arbeitsagentur
oder unter www.berufenet.arbeitsagentur.de.

**Suche nach Berufs-
feldern**

Sie werden voraussichtlich Abitur machen oder Ihre Schulzeit mit
der Fachhochschulreife abschließen? Oder Sie planen von vornherein, nach Ihrer Ausbildung ein Studium, eine Weiterbildung
oder eine Spezialisierung anzugehen? Dann empfiehlt sich der
Suchweg „Berufsfelder" unter www.berufenet.arbeitsagentur.de.
Gehen Sie in aller Ruhe die Berufsfelder durch, für die Sie sich interessieren. Sie können sich eine Liste aller Berufe anzeigen lassen, die es auf einem Gebiet gibt. Dabei werden nicht nur die Ausbildungsberufe angezeigt.

Fallbeispiel Angenommen, Sie interessieren sich für den Bereich
Bau, Architektur und Vermessung. Dann klicken Sie auf dieses Berufsfeld. Danach müssen Sie Ihre Interessen genauer spezifizieren
(etwa „Berufe rund um Architektur und Bautechnik"). Schließlich
erhalten Sie eine Liste sämtlicher Berufe in diesem Bereich.

Sie werden feststellen: Es gibt unterschiedliche Wege, zu Ihrem
Traumberuf zu kommen. Die wesentlichen Ausbildungswege sind:

Duale Ausbildung

- die duale Ausbildung, bei der die Ausbildung teils in einem Unternehmen oder einer öffentlichen Einrichtung und teils in der
  Berufsschule stattfindet, z. B. Bauzeichnerin,

**Ausbildungen über
Berufsfachschulen**

- Ausbildungsberufe, die an Berufsfachschulen gelehrt werden,
  z. B. technischer Assistent Bautechnik,

Studienberufe

- Studienberufe, für die das Studium an einer Universität oder
  Fachhochschule nötig ist, z. B. Architektin oder Master Bauin-
  genieur (M. Sc.),

Weiterbildungsberufe

- Weiterbildungsberufe, für die zunächst eine Ausbildung und
  darauf aufbauend ein Weiterbildungslehrgang nötig ist, z. B.
  Maurer- und Betonbauermeister, und

Spezialisierungen

- Spezialisierungen, für die Sie sich im Laufe der Berufskarriere
  entscheiden können und gegebenenfalls weitere Fortbildungen
  und Zusatzqualifikationen benötigen, z. B. Bausachverständi-
  ger oder Bauleiterin.

Wenn Sie sich für einen Beruf interessieren, rufen Sie einfach die weiterführenden Informationen per Mausklick dazu ab. Sie erfahren dann, wie die betreffende Tätigkeit aussieht, welche Interessen und Fähigkeiten Sie dafür mitbringen sollten und welcher Ausbildungsweg zu diesem Beruf führt.

Weitere Informationen abrufen

*Profi*TIPP

Die duale Ausbildung
Die klassische duale Ausbildung kann ein Karrieresprungbrett sein. Viele größere Unternehmen, etwa im Banken- und Versicherungsbereich, bieten motivierten jungen Leuten als Einstieg eine solche Ausbildung an. Manchmal finanzieren sie ihnen später sogar das Studium an einer branchinternen oder unternehmenseigenen Hochschule. Dabei verfolgen die Unternehmen das Ziel, ihren Nachwuchs innerhalb ihrer Organisation besser heranzubilden, ihn speziell mit ihrer eigenen Unternehmens- oder Branchenstruktur vertraut zu machen und ihn durch diese Qualifizierungsmaßnahmen fest an sich zu binden.

Fazit: Wenn Sie sich für eine Berufsausbildung entscheiden, bedeutet das nicht automatisch, dass Ihrer Karriere von vornherein Grenzen gesetzt wären – im Gegenteil: Die Möglichkeiten, sich später weiterzuqualifizieren, sind vielfältig.

Ausbildung als Karrieresprungbrett

*Praxis*TIPP   Ihr Ziel: eine Liste möglicher Berufe

Wenn am Ende Ihrer Berufsorientierung eine Liste mit einem bis fünf möglichen Ausbildungsberufen steht, haben Sie das erste Etappenziel erreicht. Dann können Sie mit der Suche nach potenziellen Ausbildungsbetrieben und Schulen loslegen, bevor Sie anschließend damit beginnen, Bewerbungen zu schreiben.

Falls Sie aber trotz aller Suche noch unsicher sind, was Ihnen liegen könnte, ist womöglich ein anderer Weg sinnvoller. Erkunden Sie dann lieber mit professioneller Hilfe, welcher Beruf oder welche Branche zu Ihnen passt. Auch über ein Praktikum, über Probearbeit oder über eine längere Orientierungsphase können Sie das herausfinden. Das ist – trotz Zeitverlust – meist besser, als eine Ausbildung zu beginnen, mit der Sie sich nicht wohlfühlen. Mehr zu diesen Möglichkeiten lesen Sie in Kapitel 1.3 und 1.4.

Bei Unsicherheit: Praxiserfahrungen sammeln

→ S. 26 ff.

1.3 Berufswahl mit professioneller Unterstützung

Berufswahl unter Anleitung

Schulen beispielsweise unternehmen viel, um Ihnen bei der Berufswahl zu helfen. Sie laden oft extra ausgebildete Berufsberater ein, die Sie bei der Wahl der richtigen Ausbildung unterstützen. Diese nehmen Ihre Stärken und Schwächen unter die Lupe und machen Ihnen dazu passend konkrete Berufsvorschläge.

Qualifizierte Berufsberater fragen

Wenn es dieses Angebot an Ihrer Schule gibt, nutzen Sie es! Unter professioneller Anleitung fällt es Ihnen vielleicht noch leichter, eine Liste mit geeigneten Berufen zu erstellen.

Bei der Arbeitsagentur registrieren lassen

Für eine professionelle Berufsberatung sind Sie aber nicht unbedingt auf die Initiative Ihrer Schule angewiesen. Sie können sich auch selbst bei der Bundesagentur für Arbeit als Ausbildungsplatzsuchende/-r registrieren lassen. Dazu gehen Sie einfach in die Geschäftsstelle in Ihrer Nähe, die es meistens in der nächsten größeren Stadt gibt. Auch dort stellt man Ihnen einen Berufsberater zur Seite.

Favoritenliste mitbringen

Solche Berater kennen alle gängigen Ausbildungsberufe und die Fähigkeiten und Interessen, die dafür nötig sind. Wenn Sie sich bei einer Berufswahlorientierung unter professioneller Anleitung intensiv beteiligen, sind Sie schnell einen großen Schritt weiter.

1.4 Berufswahl über Praktika, Schnuppertage und Probearbeit

Berufssuche auf praktischem Wege

Vielleicht mögen Sie lieber einen praktischen Weg beschreiten, um den passenden Beruf für sich zu finden? Dann ist es am besten, Sie schauen sich mögliche Ausbildungsberufe und -betriebe an.

Wertvolle Kontakte knüpfen

Ein Vorteil dabei ist: Sie knüpfen auf diese Weise Kontakte zu möglichen Arbeitgebern. Falls Ihnen die Arbeit dort gefällt und Sie motiviert mitarbeiten, wird man sich später an Sie erinnern, wenn Sie Ihre Bewerbung dorthin schicken.

Es gibt verschiedene Varianten, einen Beruf in der Praxis zu erkunden:

→ S. 27 f.
→ S. 29
→ S. 29

- Schülerpraktika,
- Schnupperpraktika und Schnuppertage,
- Probearbeit, z. B. in den Schulferien.

Schülerpraktika

In vielen Schulen sind Praktikumswochen im Lehrplan vorgesehen. Erkundigen Sie sich frühzeitig, in welcher Klassenstufe und wann genau im Schuljahr Ihre Schule ein solches Schülerpraktikum anbietet. Der genaue Ablauf hängt ebenfalls von den Vorgaben Ihrer Schule ab. Meist dauert ein solches Praktikum eine Woche, manchmal sind auch zwei Wochen dafür vorgesehen.

Wie viel Ihnen ein Schülerpraktikum bringt, liegt an Ihnen selbst. Wenn Sie sich von vornherein einen Bereich aussuchen, der Sie interessiert, kann es Ihnen bei der Entscheidung für einen bestimmten Beruf und bei der späteren Suche nach einem geeigneten Ausbildungsplatz sehr nützlich sein.

Praktikumsplatz gezielt aussuchen

Nehmen Sie nicht die erstbeste Stelle an, die sich anbietet. Nur weil Ihr Onkel Ihnen einen Praktikumsplatz in der örtlichen Bankfiliale besorgen kann, heißt das noch nicht, dass Sie Ihr Praktikum auch dort absolvieren sollten. Wenn Sie beispielsweise handwerklich begabt sind, probieren Sie es lieber bei einem Industrie- oder Handwerksbetrieb.

Zeigen Sie Eigeninitiative.

ProfiTIPP

Allein auffallen – und in Erinnerung bleiben
Verstecken Sie sich nicht in einer Gruppe von gleichgesinnten Klassenkameradinnen oder -kameraden. Absolvieren beispielsweise drei Freundinnen bei der gleichen Kaufhausfiliale ihr Schülerpraktikum und stecken sie dort ständig die Köpfe zusammen, so hat keine von ihnen die Chance aufzufallen. Selbst wenn eine von ihnen zu dem Schluss kommt, dass sie in dem betreffenden Kaufhaus gerne eine Ausbildung zur Kauffrau im Einzelhandel machen würde, wird man sich kaum mehr an sie erinnern, wenn sie sich später dort bewirbt. Auch wenn es Ihnen schwerfällt: Es ist meist besser, Sie suchen sich eine Praktikumsstelle, bei der Sie allein in Erscheinung treten.

Lassen Sie bei der Suche nach einem Praktikumsplatz Ihrer Fantasie zunächst freien Lauf. Überlegen Sie, in welchen Beruf oder in welche Branche Sie gerne einen Einblick gewinnen möchten. Suchen Sie dann gezielt einen Praktikumsplatz nach Ihren Vorlieben und Interessen.

Fragen Sie ruhig nach Praktikumsstellen.

Dabei können Sie ruhig offensiv vorgehen. In keinem Betrieb wird man Ihnen die Frage nach einem Praktikumsplatz übel nehmen. Schlimmstenfalls riskieren Sie eine Absage.

Wie finde ich einen Praktikumsplatz?

☐ Gibt es in Ihrem Freundes- oder Bekanntenkreis Menschen, die Ihnen den Kontakt zum gewünschten Praktikumsbetrieb vermitteln können? Sprechen Sie diese darauf an.

☐ Interessieren Sie sich für spezielle Betriebe oder Unternehmen? Rufen Sie dort an und fragen Sie, ob ein Schülerpraktikum möglich wäre.

☐ Mögliche Praktikumsbetriebe finden Sie auch im Telefon- oder Branchenbuch Ihrer Stadt oder Gemeinde. Suchen Sie spezifisch nach den Branchen, die Ihnen am interessantesten erscheinen.

☐ Auch ein persönlicher Besuch kann Ihnen zum gewünschten Praktikum verhelfen. Vorher sollten Sie allerdings anrufen: Fragen Sie nach, wer für die Vergabe von Praktikumsplätzen zuständig ist und vereinbaren Sie einen Termin mit dieser Person.

☐ Manchmal ist auch die Schule bei der Suche nach einem Praktikumsplatz behilflich. Allerdings gilt auch hier: Je genauer Sie sagen, in welchem Bereich Sie ein Praktikum absolvieren möchten, desto eher kann der zuständige Lehrer oder die zuständige Lehrerin Ihnen eine passende Stelle vermitteln.

☐ In der örtlichen Agentur für Arbeit weiß man in der Regel, welche Betriebe, Verwaltungen und sonstigen Arbeitgeber üblicherweise Praktika für Schülerinnen und Schüler anbieten.

☐ Auch eine Nachfrage bei der Industrie- und Handelskammer (IHK), der Handwerkskammer (HWK), der Architekten-, Rechtsanwalts-, Ärzte-, Apotheker- oder einer sonstigen Kammer kann Ihnen eine Liste mit Arbeitgebern liefern, bei denen ein Praktikum möglich ist.

☐ Auch im Internet können Sie suchen, indem Sie den Begriff „Praktikumsplatz" in eine Suchmaschine eingeben und die Websites der Stellenbörsen besuchen, die Praktikumsstellen vermitteln.

CHECKLISTE

Schnuppertage und Schnupperpraktika

Es muss nicht immer ein von der Schule vorgegebenes Praktikum sein, das Ihnen bei der Berufswahl weiterhilft. Sie können auch ein freiwilliges Praktikum ableisten.

Zum einen können Sie einen Teil Ihrer Ferien – wegen der Länge eignen sich meist die Sommerferien – für ein ein- bis zweiwöchiges Praktikum nutzen. Erkundigen Sie sich frühzeitig bei Unternehmen, die Sie sich genauer anschauen möchten. Möchten Sie Ihr Praktikum in den Sommerferien machen, dann kümmern Sie sich am besten schon in den Oster- oder Pfingstferien darum.

Selbst aktiv werden

Zum anderen gibt es Unternehmen, die von sich aus Schnuppertage anbieten. Sie öffnen für einen oder mehrere Tage ihre Werkshallen, Produktionsstätten oder Verkaufsstellen ganz gezielt für interessierte Nachwuchskräfte. Sprechen Sie mit den Menschen, die dort arbeiten. Fragen Sie sie, wie ihr Arbeitsalltag aussieht und wie es ihnen dort gefällt. So bekommen Sie einen Einblick, welche Arbeiten und welches Arbeitsumfeld Sie dort erwarten.

Probearbeit in den Schulferien

Auch über Probearbeit können Sie bestimmte Berufe und Branchen testen. Während im Praktikum der Schwerpunkt eher auf der Ausbildung liegt, also auf Dingen, die Sie bei dem betreffenden Arbeitgeber lernen und erkunden können, ist bei der Probearbeit oft schon Ihre volle Arbeitskraft gefordert. Auf diese Weise haben Sie die Möglichkeit, unter Beweis zu stellen, wie gut und wie motiviert Sie arbeiten.

Probearbeit liefert wertvolle Einblicke.

Chance: Der mögliche Ausbildungsbetrieb wird auf Sie aufmerksam.

Es ist allerdings auch denkbar, dass man Sie den ganzen Tag mit einer monotonen Tätigkeit beschäftigt und Sie deshalb keinen umfassenden Überblick über das ganze Arbeitsfeld bekommen. Sprechen Sie in diesem Fall Ihren Betreuer an und stellen Sie klar, dass Sie sich von der Probearbeit mehr versprochen haben.

Lassen Sie sich nicht ausnutzen.

Profi**TIPP**

Wichtig: angemessene Vergütung

Arbeiten Sie nicht mehr als zwei Tage unbezahlt. Was darüber hinausgeht, sollte angemessen vergütet werden. Darauf haben Sie ein Recht und diese Forderung können Sie auch ohne Bedenken stellen. Schließlich müssen Sie sich nicht als billige Arbeitskraft ausnutzen lassen – im Gegenteil: Sie werden sogar eher respektiert, wenn Sie zeigen, dass Sie selbst Ihrer Arbeit einen Wert beimessen.

1.5 Ausbildung oder Orientierungsphase?

Wartezeiten überbrücken

Manchmal klappt es nicht sofort mit der gewünschten Ausbildung. Dann müssen Sie sich überlegen, wie Sie weiter vorgehen, was Sie also zur Überbrückung tun. Es kann außerdem sein, dass Sie sich direkt nach der Schule ohnehin noch nicht darüber im Klaren sind, welche berufliche Richtung Sie einschlagen wollen.

ProfiTIPP

Irgendetwas ist nicht gut genug
Machen Sie jetzt nicht den Fehler, einfach irgendeine Tätigkeit aufzunehmen. Gerade jetzt kommt es darauf an, dass Sie Ihre Ziele nicht aus den Augen verlieren, sondern unbeirrt darauf hinarbeiten.

Möglichkeiten zur Überbrückung

Wartezeiten überbrücken oder sie zur beruflichen Orientierung nutzen können Sie beispielsweise mit einem mehrmonatigen Praktikum. Doch auch ein Aushilfsjob, ein freiwilliges soziales oder ökologisches Jahr oder eine Tätigkeit im Ausland kann infrage kommen. Zur Überbrückung eignet sich alles, was Sie beruflich, finanziell und in Ihrer persönlichen Entwicklung weiterbringt.

Mehrmonatige Praktika

Ausbildungseinstieg über ein mehrmonatiges Praktikum

Wenn Sie einen ganz bestimmten Beruf ins Auge gefasst haben, kann ein mehrmonatiges Praktikum Ihnen dabei helfen, die ersehnte Ausbildungsstelle doch noch zu bekommen. Voraussetzung ist allerdings, dass Sie sich diese Tätigkeit auch in einem Bereich aussuchen, der zu Ihrem Wunschberuf passt.

Fallbeispiel Benjamin S. möchte unbedingt zur Berufsfeuerwehr. Leider hat er an der Landesfeuerwehrschule den gewünschten Ausbildungsplatz nicht bekommen. Also macht er ein Praktikum beim Deutschen Roten Kreuz und qualifiziert sich dabei zum Rettungssanitäter. Das bringt ihm bei der nächsten Bewerbung auf die gleiche Ausbildung schließlich doch den gewünschten Erfolg.

Achtung: Es gibt Unternehmen, die ihre Praktikanten als billige Arbeitskräfte ausnutzen. Die Gefahr ist umso größer, je begehrter eine Branche (z. B. Medien, Werbung) oder je stärker der dort herrschende Kostendruck (z. B. Gesundheitswesen) ist. Nicht umsonst spricht man inzwischen schon von der „Generation Praktikum", die ihr Leben mit schlecht bezahlten Praktika fristet, in vielen Betrieben den Großteil der Arbeit erledigt und im Gegenzug weder eine angemessene Entlohnung noch eine vernünftige Ausbildung erhält.

Lassen Sie sich nicht als billige Arbeitskraft ausnutzen.

Es kann außerdem passieren, dass Sie nur für Arbeiten eingesetzt werden, die nichts mit dem zu tun haben, was Sie eigentlich lernen wollen. Wenn Sie den ganzen Tag nur Blumen gießen, Kaffee kochen und Kopierarbeiten für andere erledigen, hat Ihr Praktikum den Sinn verfehlt, denn Sie lernen nichts dabei.

Notfalls beschweren und Praktikum beenden

ProfiTIPP

An erster Stelle: das Lernen
Bei einem Praktikum steht das Lernen und nicht das Arbeiten im Vordergrund. Nur das rechtfertigt die niedrige oder gar fehlende Entlohnung. Suchen Sie sich Ihre Praktikumsstelle entsprechend gut aus. Haben Sie dann das Gefühl, Sie lernen nichts dabei, ist das ein Grund, das Praktikumsverhältnis zu beenden.

Überbrückungsjob für mehrere Monate

Wenn für Sie das Geldverdienen am wichtigsten ist, können Sie zunächst eine Tätigkeit als ungelernte Arbeitskraft aufnehmen. Das kann sogar ausgesprochen sinnvoll sein. So geraten Sie später während der Ausbildung nicht in finanzielle Nöte.

Keine Alternative zur Ausbildung

ProfiTIPP

Vorsicht, Falle!
Ein Überbrückungsjob kann leicht in eine Falle führen: Sie gewöhnen sich vielleicht daran, auf diese Weise gutes Geld zu verdienen. Und vielleicht fällt es Ihnen dann später schwer, eine Ausbildungsstelle anzutreten, bei der Sie deutlich weniger verdienen. Auf Dauer sind Aushilfsjobs meist nachteilig: Ungelernte Arbeitskräfte sind oft die ersten, die in Krisenzeiten ihre Arbeitsstelle verlieren. Eine solche Arbeit sollten Sie also nur zur Überbrückung annehmen, sie aber nicht als Alternative zur Berufsausbildung ansehen.

Freiwilliges soziales oder ökologisches Jahr

Zeigen Sie Eigeninitiative.

Sie können Wartezeiten auch überbrücken, indem Sie ein freiwilliges Jahr absolvieren. Hier gibt es inzwischen eine ganze Reihe von Möglichkeiten:

Nicht nur für sozial Engagierte

- das freiwillige ökologische Jahr FÖJ (www.foej.de),
- das freiwillige soziale Jahr FSJ (www.pro-fsj.de),
- das freiwillige Jahr FJ in der Denkmalpflege (www.denkmalschutz.de → Jugend → Jugendbauhütten),
- das FSJ in der Kultur (www.fsjkultur.de),
- das FSJ im Sport (http://fsj.freiwilligendienste-im-sport.de),
- das freiwillige Jahr im politischen Leben FJP (www.ijgd.de → Freiwilliges Jahr),
- das FSJ im Ausland (www.ijgd.de → Freiwilliges Jahr).

Dauer: sechs bis 18 Monate

Sie haben also vielfältige Möglichkeiten, sich zu engagieren. Das Wort „Jahr" müssen Sie dabei nicht unbedingt wörtlich nehmen. Ihr Einsatz kann über einen Zeitraum von sechs bis 18 Monaten reichen. Achten Sie aber auch hier darauf, möglichst schon etwas zu tun, was zu Ihren Neigungen und Interessen passt und was Sie womöglich beruflich weiterbringt.

Fallbeispiel Wenn Sie beispielsweise einen Ausbildungsberuf im sozialen oder karitativen Bereich anstreben, dann ist ein freiwilliges Jahr in einem Kinderheim, einem Jugendzentrum, einem Altenheim, einer Pflegeeinrichtung oder einem Krankenhaus empfehlenswert. Wollen Sie sich dagegen auf einen Beruf im Bauhandwerk vorbereiten, vermittelt Ihnen ein freiwilliges Jahr in der Denkmalpflege wertvolle Kontakte und Kenntnisse. Sie können dort beispielsweise in einer Jugendbauhütte an historischen Denkmälern mitarbeiten und handwerkliche Kenntnisse erwerben.

Das freiwillige kulturelle Jahr kommt für Sie infrage, wenn Sie später etwa einen Beruf im Bereich Kultur- und Veranstaltungsmanagement oder Touristik ergreifen möchten.

Auslandspraktikum, Auslandsjob, freiwilliger Auslandseinsatz oder Au-pair-Tätigkeit

Sprachkenntnisse, interkulturelle Kompetenz

Ein Auslandsaufenthalt kann Ihnen ebenfalls Zeit zur Orientierung oder Überbrückung verschaffen. Hier bietet sich zunächst ein internationales freiwilliges soziales Jahr an (siehe oben, Informationen unter www.ijgd.de → Freiwilliges Jahr).

In eine ähnliche Richtung zielt der Europäische Freiwilligendienst für Jugendliche, bei dem Sie aber eine Entsende- und eine Aufnahmeorganisation finden müssen, die die rechtlichen Rahmenbedingungen für Sie schafft (z. B. Versicherungsschutz). Informationen hierzu bietet die Internetseite www.go4europe.de.

Sie können aber auch auf eigene Faust nach einem Auslandspraktikum, einem freiwilligen oder bezahlten Job oder einer Aupair-Tätigkeit im Ausland suchen. Hierzu informiert beispielsweise die Zentrale Auslands- und Fachvermittlung der Bundesagentur für Arbeit auf ihrer Internetseite www.ba-auslandsvermittlung.de. Auf der Website www.rausvonzuhaus.de, einem Internetportal der Fachstelle für Internationale Jugendarbeit der Bundesrepublik Deutschland (IJAB) e. V., finden Sie ebenfalls genauere Informationen.

*Profi*TIPP

Ausbildungen mit Auslandsbezug
Eine Auslandstätigkeit kann sinnvoll sein, um Ihre Sprachkenntnisse, aber auch Ihre interkulturelle Kompetenz zu erweitern, also die Fähigkeit, Menschen aus einem anderen Kulturkreis zu verstehen. Gerade im Hinblick auf Berufe mit internationaler Ausrichtung kann sich dies als wertvolle Qualifikation erweisen. Idealerweise achten Sie aber auch hier darauf, dass Ihre Tätigkeit im Ausland zu dem passt, was Sie sich beruflich vorstellen können.

2 Organisation und Zeitplanung

Sicher haben Sie diese Empfehlung auch schon einmal gehört: „Mit der Suche nach einem Ausbildungsplatz soll man möglichst früh beginnen." Aber was heißt „möglichst früh"?

Zeitdruck vermeiden

Ihr Ziel ist, einen Ausbildungsplatz zu finden, der sich möglichst direkt an die Schule, an Wehr- oder Zivildienst oder an ein freiwilliges soziales oder ökologisches Jahr anschließt. Früh zu beginnen heißt nicht, schon zwei Jahre vor Ausbildungsbeginn die perfekte Bewerbungsmappe an zahlreiche potenzielle Ausbildungsbetriebe loszuschicken. Es geht vielmehr darum, die Bewerbungsphase richtig zu organisieren. Idealerweise sollten Sie zum Ende Ihrer Schulzeit nicht in Zeitdruck geraten und die Chancen auf einen guten Ausbildungsplatz nicht schon allein dadurch verspielen, dass Sie sich zu spät darauf bewerben.

Schritt für Schritt zum Ziel

Die Ausbildungsplatzsuche mag Ihnen wie ein riesiger Arbeitsberg erscheinen. Aber diesen Berg können Sie leicht erklimmen, wenn Sie die Wegstrecke bis zum Gipfel in drei Teilschritte zergliedern und sich zugleich einen Zeitplan für jeden einzelnen Schritt zurechtlegen. Orientieren Sie sich dabei am Ausbildungsbeginn und rechnen Sie von da an rückwärts.

Zeitplanung: Ausbildungsbeginn berücksichtigen

Die meisten Ausbildungen starten zum 1. August oder 1. September eines Jahres. Vor allem bei dualen Ausbildungsgängen, also Ausbildungen, die teilweise in einem Unternehmen und teilweise in einer berufsbildenden Schule stattfinden, ist das die Regel. Zu den dualen Ausbildungen gehören beispielsweise Kfz-Mechatroniker, Augenoptikerin, Kaufmann im Einzelhandel, Uhrmacher und Bäckerin.

34

Rein schulische Ausbildungsgänge spielen sich ausschließlich in einer Berufsfachschule oder einem Berufskolleg ab. Der Beginn des Ausbildungsjahres ist in aller Regel an das Schuljahr des jeweiligen Bundeslandes gekoppelt. Das heißt, je nach Ende der Schulferien beginnt Ihre Ausbildung im Juli, August oder September. Zu diesen Ausbildungsberufen gehören beispielsweise Physiotherapeutin, medizinisch-technischer Assistent oder Erzieherin. Folgende drei Schritte bringen Sie bei der Ausbildungsplatzsuche ans Ziel.

- **Schritt 1:** Berufswahlorientierung. Gemeint ist die Suche nach einem Beruf, der zu Ihnen passt und bei dem Sie gute Chancen haben, einen Ausbildungsplatz zu bekommen. Die Einzelheiten zu diesem Schritt haben Sie schon im ersten Kapitel gelesen. Wann Sie damit beginnen und was Sie dabei sonst noch beachten sollten, finden Sie in Kapitel 2.1.

  Schritt 1:
  Berufsziel festlegen

- **Schritt 2:** Suche nach Betrieben, Behörden, Institutionen oder Schulen, die den gewünschten Ausbildungsgang anbieten. Wie Sie bei diesem Schritt vorgehen, lesen Sie in Kapitel 2.2.

  Schritt 2:
  Ausbildungsbetriebe
  oder -schulen suchen

- **Schritt 3:** Erstellung und Versand von Bewerbungen. Wie Sie die „heiße" Bewerbungsphase richtig organisieren, dazu mehr in Kapitel 2.3.

  Schritt 3:
  Bewerbungen
  erstellen und
  versenden

---

*Profi***TIPP**

Hilfe bei der Suche nach dem Ausbildungsplatz

Lassen Sie sich bei der Bundesagentur für Arbeit als Bewerber/-in für einen Ausbildungsplatz registrieren. Das empfiehlt sich selbst dann, wenn Sie noch nicht genau wissen, welchen Beruf Sie später ergreifen wollen. Als registrierte/-r Bewerber/-in bekommen Sie Unterstützung bei der Suche nach passenden Berufen und Sie erfahren frühzeitig, welche Betriebe im gewünschten Berufsfeld Auszubildende suchen.

Verlassen Sie sich nicht allein auf die Jobbörse der Bundesagentur für Arbeit im Internet! Dort finden Sie zwar einige Ausbildungsangebote, aber längst nicht alle. Wenn Unternehmen sich als Ausbildungsbetriebe bei der Arbeitsagentur anmelden, steht es ihnen frei, ob sie die verfügbaren Ausbildungsplätze in der Internet-Jobbörse veröffentlichen möchten oder nicht. Längst nicht alle Unternehmen tun das. Über freie Stellen wissen dann womöglich nur die dortigen Berufsberater Bescheid, die geeignete Bewerber und Bewerberinnen darüber informieren sollen.

2.1 Schritt 1: Berufsziel festlegen

Was wollen Sie werden? Je früher Sie sich darüber im Klaren sind, desto schneller können Sie konkret nach einem passenden Arbeitgeber oder einer passenden Berufsfachschule suchen und sich auf einen Ausbildungsplatz bewerben. Klären Sie die Frage nach Ihrem Berufsziel etwa ein bis anderthalb Jahre vor Beginn des Ausbildungsjahres.

Wenn Sie Ihre Ausbildung direkt im Anschluss an die Schule anfangen möchten, sollten Sie sich also schon im vorletzten Schuljahr, spätestens aber in den Sommerferien vor dem letzten Schuljahr mit der Suche nach dem richtigen Beruf befassen.

- Anderthalb Jahre Vorlauf brauchen Sie etwa bei Banken und Versicherungen, großen Unternehmen, Behörden, Berufsfachschulen oder Berufskollegs. Denn hier beginnt die Auswahl von Bewerbern erfahrungsgemäß schon rund ein Jahr vor der nächsten Ausbildungssaison. Die meisten dieser Anbieter stellen von vornherein nur eine begrenzte Zahl von Ausbildungsplätzen zur Verfügung. Deshalb ist es auch so wichtig, sich dort rechtzeitig zu bewerben. Spontan und unter Zeitdruck wird niemand einen zusätzlichen Ausbildungsplatz einrichten, nur weil in letzter Minute noch eine Bewerbung eintrudelt.

- Wenn Sie sich dagegen eher an kleinere Unternehmen wenden wollen, beispielsweise an Handwerks- und Dienstleistungs- oder kleinere Industriebetriebe, dann genügt in aller Regel ein Vorlauf von einem Jahr. Denn bei diesen Unternehmen befasst sich kaum jemand vor dem Jahreswechsel mit der Frage, ob und wie viele Auszubildende im Spätsommer oder Herbst des nächsten Jahres eingestellt werden sollen und wer dafür infrage kommt.

Versteifen Sie sich bei der Fragen nach Ihrem Berufsziel nicht auf einen Ausbildungsgang. Lassen Sie sich ruhig mehrere Möglichkeiten offen, wenn verschiedene Berufe zu Ihren Neigungen und Begabungen passen.

*Profi*TIPP

Artverwandte Berufe suchen

Wenn Sie zwei oder drei Alternativen zu Ihrem Wunschberuf benennen können, ist die Chance auf eine Lehrstelle größer. In vielen Berufen ist es nach der Ausbildung problemlos möglich, durch Abendkurse eine Zusatzqualifikation zu erwerben. Sie ermöglicht Ihnen dann doch noch den Einstieg in Ihren ursprünglichen Wunschberuf. Ein Beispiel dazu: Sie wollen eigentlich Industriemechaniker werden, finden aber nur Lehrstellenangebote für Zerspanungsmechaniker. Dann überlegen Sie, ob Sie nicht diese Chance ergreifen wollen. Die Ausbildungen unterscheiden sich nicht grundlegend und Sie können sich die fehlenden Kenntnisse für Ihren Traumberuf später noch aneignen.

2.2 Schritt 2: passende Unternehmen oder berufsbildende Schulen suchen

Am Ende Ihrer Berufswahlorientierung steht idealerweise eine Liste mit mehreren Berufen, die für Sie infrage kommen. Genau hier knüpft der zweite Schritt an: Jetzt suchen Sie gezielt nach Unternehmen oder Schulen, die diese Ausbildungen anbieten. Erstellen Sie eine Liste potenzieller Anbieter, dann haben Sie es nachher leichter, sich zu bewerben.

Recherche nach Unternehmen und Schulen

Mit der Recherche nach möglichen Arbeitgebern beginnen Sie etwa zehn bis 14 Monate vor dem geplanten Ausbildungsbeginn. Das wird in der Regel im vorletzten Schuljahr kurz vor oder während der Sommerferien sein. Auch hier gilt:

- Wenn vorwiegend Banken, Versicherungen, Großunternehmen, Behörden oder berufsbildende Schulen die gewünschte Ausbildung anbieten, beginnen Sie früher damit, die nötigen Adressen und Informationen zusammenzutragen.

14 Monate bei Versicherungen, Banken, Behörden und Schulen

- Zielt Ihr Berufswunsch dagegen eher auf einen Ausbildungsplatz in einem kleineren Unternehmen, etwa einem familiengeführten Einzelhandelsgeschäft oder einem Handwerksbetrieb, können Sie sich etwas mehr Zeit lassen. Dann reicht es, wenn Sie Ihre Liste potenzieller Ausbilder am Jahresende oder im Januar oder Februar fertig haben.

Zehn bis zwölf Monate bei kleineren Unternehmen

Im zweiten Schritt Ihrer Ausbildungsplatzsuche geht es vor allem darum, Ideen zu sammeln. Listen Sie möglichst viele Unternehmen, Behörden oder Institutionen auf, die Ihre Wunschausbildung anbieten oder anbieten könnten.

Erstellen Sie eine umfangreiche Liste.

> ## ProfiTIPP
>
> **Mehrere Betriebe ins Auge fassen**
> Beschränken Sie Ihre Auswahl nicht von vornherein auf Unternehmen, bei denen Sie Ihre Ausbildung am liebsten machen würden. Denn es ist nicht gesagt, dass Sie gerade da eine Lehrstelle bekommen. Schreiben Sie stattdessen alle denkbaren Arbeitgeber auf.

Lieber mehr als weniger Betriebe in die Liste aufnehmen

Wenn der Fahrtweg zu weit ist oder Sie extra umziehen müssten und dazu nicht bereit sind, ist das natürlich ein Grund, einen Ausbildungsbetrieb nicht in Ihre Liste aufzunehmen. Generell aber gilt: Lieber schreiben Sie ein paar Unternehmen zu viel auf als zu wenige. Konkrete Hilfestellungen, wie Sie bei der Recherche vorgehen, finden Sie in Kapitel 3.

→ S. 44 ff.

> ## ProfiTIPP
>
> **Bewerbungsordner anlegen**
> Ob Stellenanzeigen, Inserate aus dem Internet, Adresslisten mit potenziellen Ausbildungsbetrieben und Schulen: Was auch immer Sie finden, heften Sie die gesammelten Informationen sorgfältig in einem Ordner ab. Zeitungsinserate, Unternehmensbroschüren und andere interessante Informationen, die Sie wegen des ungünstigen Formats nicht lochen und abheften können, stecken Sie am besten in Klarsichthüllen.
> Sortieren Sie das Material nach den einzelnen Unternehmen oder Schulen, die den gewünschten Ausbildungsgang anbieten. Bei dualen Ausbildungsgängen ergänzen Sie Ihre Liste laufend, wenn Ihnen neue mögliche Unternehmen auffallen.
> Mehr zur sinnvollen Aufteilung Ihres Bewerbungsordners finden Sie auf Seite 42 f.

Bewerbungsfristen aufnehmen

Wenn Sie herausgefunden haben, wann die Bewerberauswahl bei einem Unternehmen beginnt und wie sie abläuft, nehmen Sie diese Information unbedingt in Ihren Bewerbungsordner auf. Dann wissen Sie, bis wann Sie Ihre Bewerbung schicken müssen.

Falls Sie sich für einen rein schulischen Ausbildungsgang entschieden haben, suchen Sie nach Berufsschulen und Berufskollegs, die die entsprechende Ausbildung anbieten. Hier ist es noch wichtiger herauszufinden, welche Unterlagen Sie zur Bewerbung einreichen und an welche Fristen Sie sich halten müssen. Die genannten Fristen sind in der Regel Ausschlussfristen. Bewerbungen, die später eintreffen, werden nicht mehr berücksichtigt.

Bei Schulen genauere Informationen einholen

Profi**TIPP**

Arbeitgeber und Bewerbungsfristen auflisten
Fertigen Sie eine Liste potenzieller Ausbildungsstätten an und notieren Sie darauf auch gleich eventuell vorhandene Bewerbungsfristen.

Wenn Sie sämtliche Informationen beisammen haben, ist die wichtigste Vorarbeit für die Erstellung und den Versand von Bewerbungen schon geleistet.

2.3 Schritt 3: Bewerbungen erstellen und versenden

Zwölf bis sechs Monate vor Ausbildungsbeginn startet die „heiße" Bewerbungsphase. Jetzt geht es darum, potenzielle Ausbildungsbetriebe auf sich aufmerksam zu machen. Dazu nehmen Sie sich Ihre Liste möglicher Arbeitgeber vor und entscheiden, bei welchem Unternehmen Sie sich bewerben. Abermals gilt:

Heiße Phase: sechs bis zwölf Monate vor Ausbildungsbeginn

- Bei Banken, Versicherungen, Großunternehmen, Behörden und berufsbildenden Schulen brauchen Sie meist einen längeren Vorlauf, also etwa zwölf Monate. Sie starten im August oder September des Vorjahres damit, sich für eine Ausbildung im Folgejahr zu bewerben.

Zwölf Monate bei Banken, Versicherungen und Behörden

- Bei kleineren Industrie- und Handwerksbetrieben sowie Unternehmen aus der Dienstleistungsbranche reicht es in aller Regel, wenn Sie Ihre Bewerbung etwa im Februar oder März des Jahres versenden, in dem Ihre Ausbildung beginnen soll.

Sechs bis elf Monate bei sonstigen Unternehmen

Am Start: mehrere Bewerbungen

Bewerben Sie sich nicht nur bei einem Unternehmen oder bei einer berufsbildenden Schule. Denn oft lässt die Entscheidung auf sich warten und sie wird nicht zwangsläufig zu Ihren Gunsten ausfallen, auch wenn Sie sich das noch so sehr wünschen.

Viele Bewerber machen den Fehler, sich auf einen einzigen Ausbildungsbetrieb zu versteifen. Sie schicken eine Bewerbung ab und sind regelrecht gelähmt, solange sie nichts von diesem Wunschunternehmen hören. Erst nach einer Absage merken sie, dass sie sich auch anderswo hätten bewerben sollen. Dann sind die dort vorhandenen Ausbildungsplätze aber oft schon vergeben.

Machen Sie es besser: Sie erhöhen die Chancen auf einen Ausbildungsplatz beträchtlich, wenn Sie mit mehreren Bewerbungen zugleich am Start sind. Da Sie Ihre Liste potenzieller Arbeitgeber laufend ergänzen, können Sie zudem immer wieder neue Bewerbungen versenden, sobald Sie ein Ausbildungsangebot entdecken, das Sie interessiert.

→ S. 116 ff.

Mittlerweile wünschen sich besonders größere Ausbildungsbetriebe die Bewerbungsunterlagen per Online-Bewerbung. Dennoch sollten Sie sich auch auf die Postbewerbung vorbereiten.

Sparen Sie dabei nicht am Material, das Sie laufend für Ihre Bewerbungen brauchen, die Sie mit der Post versenden. Das sind vor allem

Material für die Bewerbung

- Bewerbungsmappen,
- große Umschläge (DIN C4),
- Briefmarken für Großbriefe,
- Abzüge von Bewerbungsfotos
- Druckerpapier und
- eine Ersatz-Tintenkartusche oder eine Ersatz-Tonerpatrone für Ihren Drucker.

Gute Qualität zahlt sich aus.

Wichtig ist zum einen die Qualität. Ein schlechtes Bild oder eine ausgeblichene Pappmappe macht keinen guten Eindruck. Aber auch die Menge an Bewerbungsmaterial kann entscheidend sein.

Profi**TIPP**

Vorratshaltung

Legen Sie sich einen ausreichend großen Vorrat zu, der für den ersten Durchgang der angestrebten Bewerbungen reicht. Planen Sie zusätzlich eine stille Reserve ein, damit Sie jederzeit eine Bewerbungsmappe erstellen und sofort versenden können.

Wenn Sie jedes Mal zuerst Bewerbungsmappen, Umschläge, Fotos oder Briefmarken besorgen müssen, sobald Sie einen interessanten Ausbildungsbetrieb oder eine neue Stellenausschreibung entdeckt haben, komplizieren Sie den gesamten Ablauf unnötig.

Bewerbungsmaterial großzügig einkaufen

Erfahrungsgemäß macht sich wegen einer einzigen Bewerbung kaum jemand die Mühe, das nötige Bewerbungsmaterial nachzukaufen oder gar Bewerbungsbilder nachzubestellen. Womöglich wäre aber genau diese Bewerbung die entscheidende, die zum gewünschten Ausbildungsplatz führt.

Die eigene Bequemlichkeit einkalkulieren

Denken Sie erst gar nicht daran, Ihre Bewerbungsmappen mehrmals zu verwenden – auch wenn Sie meinen, auf diese Weise das Geld für Mappen, Papier, Fotoabzüge und Ähnliches sparen zu können.

Keine Zweitverwertung einplanen

Fallbeispiel Max hat wenig Geld. Deshalb kauft er von vornherein nur vier Bewerbungsmappen und lässt von seinem Bewerbungsbild auch nur vier Abzüge machen. „Das reicht für den Anfang", denkt er sich. „Schließlich bewerbe ich mich nach und nach. Sobald eine Mappe zurückkommt, kann ich sie für die nächste Bewerbung verwenden." Dieses vermeintlich sparsame Vorgehen bleibt jedoch nicht ohne Folgen: Zwei Wochen, nachdem er seine letzte Bewerbungsmappe verschickt hat, entdeckt Max in der Lokalzeitung ein verlockendes Ausbildungsangebot. Am liebsten würde er sich sofort darauf bewerben. Aber für diese eine Bewerbung extra Fotos nachbestellen und neue Mappen kaufen? Max beschließt, damit noch eine Weile zu warten. Vielleicht kommt ja in Kürze eine Mappe zurück und das Problem hat sich erledigt. Erst als vier Wochen später tatsächlich die erste Bewerbungsmappe mit einer Absage zurückkommt, denkt Max wieder an die Bewerbung, die er eigentlich erstellen wollte. Als er sie dann endlich losschickt, ist es aber zu spät. Die unternehmensinterne Bewerbungsfrist ist bereits abgelaufen, seine Bewerbung wird im Auswahlverfahren nicht mehr berücksichtigt.

Der optimale Bewerbungsordner

Kleiner Aufwand, große Wirkung

In einem Bewerbungsordner können Sie Ihre Unterlagen übersichtlich abheften. So haben Sie alle Informationen stets griffbereit an einem Ort. Außerdem fällt es Ihnen mit einem Bewerbungsordner leichter, neue Bewerbungen ohne großen Aufwand zusammenzustellen.

Beschriftete Registerblätter sorgen für Übersichtlichkeit.

Heften Sie alle Unterlagen in einen DIN-A4-Aktenordner ein. Die Unterlagen sortieren Sie thematisch und heften sie jeweils hinter ein Register- oder Trennblatt. Diese Register- oder Trennblätter beschriften Sie folgendermaßen:

Blatt 1: Anschreiben und Lebensläufe

- **Anschreiben und Lebensläufe:** Hier heften Sie sämtliche Anschreiben sowie Lebensläufe ab, die Sie bereits mit einzelnen Bewerbungen versendet haben. Dann wissen Sie bei jedem Vorstellungsgespräch, was genau Sie in Ihrer Bewerbung geschrieben haben. Das kann – je nach Berufsziel oder nach Schwerpunkt des Ausbildungsbetriebs oder der Berufsfachschule – durchaus verschieden sein.

Blatt 2: Zeugnisse und Anlagen

- **Zeugnisse und Anlagen:** In diesem Teil des Bewerbungsordners heften Sie Ihre Zeugnisse und andere wichtige Bescheinigungen, z. B. Praktikumsnachweise, ein. Am besten stecken Sie die Zeugniskopien in Klarsichthüllen, damit Sie sauber bleiben. Achtung: Originalzeugnisse sollten Sie in einer separaten Klarsichthülle aufbewahren. Sonst besteht die Gefahr, dass Sie mit einer Bewerbung versehentlich das Original versenden.

Blatt 3: Unterlagen für das Vorstellungsgespräch

- **Unterlagen für das Vorstellungsgespräch:** Hinter diesem Registerblatt können Sie Dokumente einsortieren, die Sie einer Bewerbung nicht beigelegt haben, die Sie aber vielleicht zum Vorstellungsgespräch oder zum Auswahlverfahren mitnehmen möchten, zum Beispiel eigene Entwürfe oder Arbeitsproben bei künstlerischen oder handwerklichen Berufen.

Blatt 4: Nachfassaktionen

- **Nachfassaktionen:** Bei manchen Bewerbungen lohnt sich das Nachhaken, entweder telefonisch oder per E-Mail. Über Ihre Nachfasstelefonate machen Sie sich eine kurze handschriftliche Notiz, die Sie in dieser Kategorie abheften. Ausdrucke versendeter Nachfass-E-Mails gehören ebenfalls hierher.

Blatt 5: mögliche Ausbildungsbetriebe und -schulen

- **Mögliche Ausbildungsbetriebe und -schulen:** Hier heften Sie die Liste potenzieller Ausbildungsstätten ein, also der Unternehmen und Berufsfachschulen/Berufskollegs, die für Sie infrage kommen und bei denen Sie sich bewerben möchten oder beworben haben.

Dahinter können Sie Einzelheiten zu den betreffenden Unternehmen und Schulen einheften, etwa Stellenanzeigen, Informationsbroschüren der jeweiligen Unternehmen oder Schulen und gegebenenfalls auch Ansprechpartner. Wenn Sie schon Kontakt zu einer möglichen Ausbildungsstätte hatten, dann schreiben Sie das auf ein Extrablatt und heften Sie dieses zu den Unterlagen über den betreffenden Betrieb oder die betreffende Schule.

- **Diverses:** Es gibt immer Informationen, die sich nicht richtig zuordnen lassen, etwa ein Zeitungsausschnitt, der auf eine Ausbildungsmesse hinweist. Solche Informationen sammeln Sie in dieser Kategorie.

Blatt 6: Diverses

Eine Tabelle für den Überblick

Ihr Bewerbungsordner ist Ihnen jetzt eine gute Hilfe. Arbeiten Sie nach und nach die Liste mit potenziellen Arbeitgebern oder Berufsfachschulen bzw. Berufskollegs ab. Senden Sie an alle eine Bewerbungsmappe oder – wenn erwünscht – eine Online-Bewerbung. Falls Sie sich vorher Notizen über die spezifischen Bewerbungsfristen bestimmter Unternehmen gemacht haben, sollten Sie sich genau daran halten.

Übersichtstabelle zuoberst im Ordner abheften

Ganz oben in Ihren Bewerbungsordner heften Sie eine Tabelle, mit der Sie sich jederzeit einen Überblick darüber verschaffen können,

Bewerbungsplaner

- bei welchem Unternehmen oder welcher Schule Sie sich schon für welche Ausbildung beworben haben,
- wo Sie das noch vorhaben und
- von wem Sie womöglich schon eine Reaktion erhalten haben.

Eine druckfähige Vorlage für einen solchen Bewerbungsplaner finden Sie auf der CD-ROM, die diesem Buch beiliegt. Sie können den Planer auch bequem in Ihrem Textverarbeitungsprogramm öffnen und alle Informationen eintragen.

→ CD-ROM

3 Den geeigneten Ausbildungsplatz finden

Wie auch immer Ihr bevorzugtes Berufsziel lautet, jetzt geht es darum, Unternehmen und Schulen zu finden, die die passende Ausbildungsmöglichkeit anbieten. In diesem Kapitel finden Sie Tipps, wie Sie am besten vorgehen,

Duale Ausbildung

- wenn Sie eine duale Ausbildung absolvieren möchten und ein Unternehmen, eine Behörde oder eine Institution suchen, die einen passenden Ausbildungsplatz anbietet, oder

Schulische Ausbildung

- wenn Sie eine rein schulische Ausbildung anstreben und dafür die passende Berufsfachschule oder das passende Berufskolleg suchen.

An der Finanzierung soll eine Ausbildung nicht scheitern.

Anschließend geht es um die Frage, was Sie tun können, wenn der gewünschte Ausbildungsbetrieb oder die Berufsfachschule Ihrer Wahl weit weg von Ihrem Wohnort liegt. Dann ergeben sich womöglich finanzielle Schwierigkeiten, weil Sie pendeln oder sich eine eigene Wohnung nehmen müssen. Auch dafür gibt es Lösungswege. Mehr dazu finden Sie am Ende dieses Kapitels.

→ S. 57 f.

3.1   Ausbildungsbetriebe suchen

Nicht nur in Stellenanzeigen stöbern!

Bei der Ausbildungsplatzsuche verlassen sich viele junge Leute auf Zeitungen und das Internet. Sie studieren jede Woche die Stellenanzeigen in der Lokalzeitung, suchen auf diversen Internetplattformen nach passenden Angeboten und hoffen, dabei auf eine geeignete Ausbildungsstelle zu stoßen, auf die sie sich bewerben können.

44

Achtung: Wer nur Zeitungen oder das Internet durchstöbert, verpasst die besten Chancen. Denn nicht jeder Ausbildungsplatz wird in der örtlichen Zeitung oder auf einer Bewerberwebsite im Internet ausgeschrieben. Wer ein etwas ungewöhnliches Berufsziel anstrebt, wird hier womöglich gar nicht fündig oder muss sich mit der Konkurrenz vieler Mitbewerber herumschlagen.

Viele Lehrstellen werden gar nicht ausgeschrieben.

Daher empfiehlt es sich, neben der klassischen Suche in Zeitungen und Internet auch andere Wege einzuschlagen. Was Sie tun können, um geeignete Ausbildungsbetriebe, -unternehmen, -behörden oder -institutionen zu finden, lesen Sie in den folgenden Abschnitten.

Recherchieren Sie auf verschiedenen Wegen.

Empfehlenswert: Registrierung bei der Bundesagentur für Arbeit

Die Suche nach einem Ausbildungsplatz müssen Sie nicht allein bewältigen. Lassen Sie sich helfen, und zwar nicht erst, wenn der August oder September immer näher rückt und noch immer keine Lehrstelle in Sicht ist. Ihre erste Anlaufstelle ist die Bundesagentur für Arbeit. Eine Geschäftsstelle finden Sie garantiert auch in Ihrer Nähe. Dort können Sie nicht nur Einblick in die vorhandenen Stellenangebote nehmen, sondern sich auch für die Suche eines geeigneten Ausbildungsplatzes registrieren und sich von einem Berufsberater unterstützen lassen.

Suchen Sie sich aktiv Hilfestellung bei der Bundesagentur für Arbeit.

→ S. 26

Hilfreich: Handwerks-, Industrie- und Handels- oder sonstige Kammern

Nicht alle Unternehmen oder Betriebe, die Lehrstellen zu vergeben haben, melden diese bei der Bundesagentur für Arbeit an. Sie sind dazu auch nicht verpflichtet. Eine Meldepflicht besteht dagegen bei den zuständigen Kammern, also der Industrie- und Handelskammer, der Handwerkskammer usw. Jedes Unternehmen, das Lehrlinge ausbildet, muss sich dort anmelden, die Zahl der offenen Lehrstellen angeben und jeden abgeschlossenen Ausbildungsvertrag zur Genehmigung vorlegen. Die Kammer legt die Lerninhalte und die Rahmenbedingungen für die Ausbildung fest. Sie bestimmt, welche Unternehmen oder sonstigen Arbeitgeber überhaupt ausbilden dürfen, und organisiert zentral die Zwischen- und Abschlussprüfungen.

Die Kammern kennen alle dualen Ausbildungsstellen.

Fragen Sie bei den einzelnen Kammern in Ihrer Region nach. Dann erhalten Sie eine gute Übersicht über das Lehrstellenangebot in Ihrer Region.

Eine Nachfrage bei den Kammern lohnt sich immer.

Je nachdem, welchen Beruf Sie anstreben, sind unterschiedliche Kammern zuständig, z. B.:

Berufe in Industrie, Handel und Dienstleistungen

- Die meisten Ausbildungsgänge sind bei den Industrie- und Handelskammern (IHK) angesiedelt. Die Palette reicht von typischen Industrieberufen, z. B. Industriemechaniker/-in, über Berufe im Groß- und Einzelhandel, z. B. Kaufmann/-frau im Einzelhandel bis hin zu Dienstleistungsberufen wie Versicherungskaufmann/-kauffrau oder Koch/Köchin.

Berufe im Handwerk

- Für die Ausbildung in handwerklichen Berufen sind die Handwerkskammern zuständig. Hierunter fallen nicht nur die Berufe, an die man sofort beim Handwerk denkt, wie etwa Maurer/-in oder Maler/-in, sondern z. B. auch Friseur/-in und Kosmetiker/-in.

medizinische Fachangestellte

- Die Ausbildung zum/zur medizinischen Fachangestellten – früher „Arzthelfer/-in" – fällt in die Zuständigkeit der Ärztekammern.

zahnmedizinische Fachangestellte

- Für die Ausbildung zum/zur zahnmedizinischen Fachangestellten – früher „Zahnarzthelfer/-in" – sind die Zahnärztekammern zuständig.

tiermedizinische Fachangestellte

- Die Tierärztekammern sind für die Ausbildung zum/zur tiermedizinischen Fachangestellten zuständig.

Notarfachangestellte

- Falls Sie Notarfachangestellte/-r werden möchten, wenden Sie sich an die Notarkammern.

Rechtsanwaltsfachangestellte

- Um die Ausbildung zum/zur Rechtsanwaltsfachangestellten kümmern sich die Rechtsanwaltskammern.

Steuerfachangestellte

- Für die Ausbildung zum/zur Steuerfachangestellten erkundigen Sie sich bei den Steuerberaterkammern.

All diese Kammern sind regional organisiert. An Ihrem Wohnort wird also – je nach Branche – immer eine bestimmte Kammer zuständig sein, die Sie kontaktieren können. In jeder Kammer gibt es Ausbildungsleiter, die Sie anrufen und nach Lehrstellen fragen können. Oft können Kammerangestellte Ihnen auch direkt bei der Vermittlung passender Ausbildungsbetriebe helfen.

Manchmal helfen Kammern auch bei der Lehrstellenvermittlung.

Rufen Sie in der Zentrale an und lassen Sie sich durchstellen.

Die zuständige Kammer finden Sie üblicherweise über eine Internetrecherche. Geben Sie z. B. „Rechtsanwaltskammer" in eine Suchmaschine ein. Unter den Ergebnissen ist meist auch die den Kammern übergeordnete zentrale Institution, in unserem Beispiel die Bundesrechtsanwaltskammer. Auf deren Website finden Sie die Adresse der Kammer, die für Ihre Region zuständig ist.

46

ProfiTIPP

Gezielte Initiativbewerbungen

Eine Bewerbung lohnt sich oft auch bei Unternehmen, die aktuell keine Lehrstelle anbieten, aber früher schon einmal ausgebildet haben. Wenn Sie von solchen Unternehmen erfahren, fragen Sie nach, ob man dort eventuell bereit wäre, eine Lehrstelle für Sie einzurichten. Entweder Sie rufen dort an, oder Sie gehen – was sich bei kleineren Unternehmen empfiehlt – persönlich vorbei.

Noch besser ist es, Sie schicken einfach aufs Geratewohl eine Initiativbewerbung (→ CD-ROM) dahin. Ein solches Vorgehen wird oft belohnt: Häufig stellen diese Unternehmen dann doch noch einen Lehrling ein, wenn sie eine überzeugende Bewerbung erhalten. Ähnlich können Sie auch bei größeren Unternehmen verfahren, bei denen angeblich schon alle Lehrstellen vergeben sind oder die aktuell viel weniger Lehrstellen anbieten als noch im letzten Jahr. Wenn Sie es schaffen, einen potenziellen Ausbildungsbetrieb von Ihren Qualifikationen zu überzeugen, haben Sie durchaus Chancen, dass man für Sie einen zusätzlichen Ausbildungsplatz einrichtet.

Empfehlenswert sind die Lehrstellen- und Ausbildungsplatzbörsen, die viele Handwerkskammern und IHKs im Internet anbieten. Hier können Sie nach Ausbildungsangeboten suchen, sich aber auch selbst als Ausbildungsplatzsuchende/-r eintragen.

Lehrstellenbörsen der Kammern

ProfiTIPP

Lehrstellenbörsen im Internet

Bei den Industrie- und Handelskammern gibt es eine zentrale Plattform, über die Sie dann mit wenigen Klicks zur Lehrstellenbörse der IHK in Ihrer Region gelangen. Diese Plattform finden Sie unter www.ihk-lehrstellenboerse.de.

Wenn Sie sich für einen handwerklichen Beruf interessieren, geben Sie am besten die Begriffe „Lehrstellenbörse Handwerkskammer" in eine Suchmaschine ein. Wählen Sie dann unter den Suchergebnissen die Lehrstellenbörse für Ihre Gegend aus.

Falls Sie im Internet nicht gleich auf Anhieb fündig werden, rufen Sie bei den örtlich zuständigen Kammern an und fragen Sie, wer für Ausbildung und die Vermittlung von Lehrstellen zuständig ist. Dort wird man Ihnen sicher gerne weiterhelfen.

Oft erfolgreich: Suche über Praktika und persönliche Kontakte

Ein Praktikum ebnet den Weg zum Ausbildungsplatz.

Wertvolles Startkapital bei der Bewerbung um einen Ausbildungsplatz sind eigene Kontakte zu einem Unternehmen. Angenommen, Sie haben in einem Handwerksbetrieb schon einmal ein Praktikum gemacht und können sich vorstellen, Ihre Ausbildung dort zu absolvieren. Dann fragen Sie am besten direkt dort nach, ob man dazu bereit wäre, Sie als Auszubildende/-n einzustellen.

Ferienjobs vermitteln oft wertvolle Kontakte zu Ausbildungsbetrieben.

Ähnlich können Sie vorgehen, wenn Sie schon in einem Unternehmen, einer Behörde oder einer sonstigen Institution einen Ferienjob hatten, der Ihnen Spaß gemacht hat. Schicken Sie eine Bewerbung oder – noch besser – gehen Sie vorbei und geben Sie Ihre Unterlagen persönlich ab. Im Anschreiben der Bewerbung sollten Sie in solchen Fällen unbedingt darauf eingehen, dass Ihnen der Arbeitgeber schon von einer früheren Tätigkeit her in guter Erinnerung ist.

Persönliche Kontakte nutzen

In manchen Fällen können auch Eltern, Nachbarn, Verwandte oder Bekannte wertvolle Kontakte zu einem Ausbildungsbetrieb vermitteln. Aber Vorsicht, hier ist Fingerspitzengefühl gefragt.

ProfiTIPP

Eigeninitiative zeigen

Auf keinen Fall darf es so aussehen, als würden Sie andere die ganze Arbeit erledigen lassen und wären selbst entweder zu bequem dazu oder zu schüchtern, um sich selbst um einen Ausbildungsplatz zu kümmern.

Bitten Sie Ihre Eltern, Verwandten, Bekannten nur darum, bei dem betreffenden Unternehmen nachzufragen, ob eventuell ein Ausbildungsplatz zur Verfügung steht. Kümmern Sie sich dann aber persönlich um die Bewerbung, damit Sie keinen unselbstständigen Eindruck hinterlassen.

Nützlich: der Besuch von Ausbildungsmessen

Besuchen Sie Bewerbungs- und Ausbildungsmessen in Ihrer Region. Dort erfahren Sie,

- welche Ausbildungsmöglichkeiten Sie haben,
- an welche Ausbildungsberufe Sie bei Ihrer Berufswahl womöglich noch gar nicht gedacht haben,
- wie gut oder wie schlecht in Ihrer Region die Chancen auf die Ausbildung Ihrer Wahl sind,
- in welchen Betrieben oder bei welchen Institutionen Sie die gewünschte Ausbildung absolvieren können.

Ausbildungsmessen nutzen

Auf einer solchen Messe finden Sie Berufsberater der Bundesagentur für Arbeit, bei denen Sie sich gleich registrieren lassen können. Sie treffen dort außerdem die zuständigen Ansprechpartner der IHK und Handwerkskammern an, die Ihnen ebenfalls bei der Lehrstellensuche weiterhelfen. Zudem sind auf den Messeständen der Firmen oft Auszubildende anzutreffen, die ihre Lehrstelle bereits im letzten oder vorletzten Jahr angetreten haben. Das ist die ideale Gelegenheit, sich einen Eindruck über den Ausbildungsalltag in einem Betrieb zu verschaffen.

Ansprechpartner kennenlernen

Tauschen Sie sich mit anwesenden Auszubildenden aus.

ProfiTIPP

Azubis befragen

Nehmen Sie sich die Zeit, sich mit den Auszubildenden an den einzelnen Firmenständen auszutauschen. Von ihnen können Sie erfahren, ob Ihr Berufsziel und die Ausbildung im Unternehmen Ihren Erwartungen entspricht. Forschen Sie außerdem – wenn gerade niemand anderes zuhört – nach, ob sie das eigene Unternehmen als Ausbildungsbetrieb weiterempfehlen würden. Auch wenn Sie auf solche Fragen selten ein direktes Nein als Antwort bekommen, kann ein langes Zögern oder ein verlegenes Achselzucken schon sehr aufschlussreich sein. Umgekehrt werden Sie auch merken, wenn jemand von seinem Ausbildungsplatz wirklich begeistert ist. Dann sollten Sie sich das Unternehmen auf jeden Fall für eine Bewerbung vormerken.

Ein Gespräch mit den Ausbildern der Firmen kann Sie ebenfalls weiterbringen. Sie treffen sie in der Regel an den Messeständen der verschiedenen Firmen an. Fragen Sie gezielt nach Einzelheiten zu Ihren Wunschberufen, nach dem Ablauf der Ausbildung und nach Schwerpunkten oder Besonderheiten im Unternehmen.

Knüpfen Sie Kontakte zu den Ausbildern.

Dabei bekommen Sie eine Vorstellung davon, wie gut ein Unternehmen zu Ihnen passt und wie gut Sie mit dem jeweiligen Ausbilder oder der jeweiligen Ausbilderin als Person zurechtkommen. In der Regel wird das während der Ausbildungszeit Ihr Chef oder Ihre Chefin sein.

Sympathie zählt: Vertrauen Sie auf Ihr Bauchgefühl.

Ein Gespräch mit den Ausbildern hat noch einen weiteren positiven Nebeneffekt: Diese Menschen haben meist ein Wörtchen mitzureden, wenn es um die Vergabe der vorhandenen Ausbildungsplätze geht. Wenn Sie am Messestand bei den Verantwortlichen einen guten Eindruck hinterlassen, dann werden diese sich womöglich an Sie erinnern und Ihre Bewerbung besonders wohlwollend lesen.

In der Bewerbung auf die Ausbildungsmesse Bezug nehmen

Auf Firmenkontakte, die Sie während einer Ausbildungsmesse geknüpft haben, sollten Sie später im Anschreiben Ihrer Bewerbung hinweisen. Damit heben Sie sich sofort von der Masse Ihrer Mitbewerber ab.

Fallbeispiel Nach dem Besuch einer Ausbildungsmesse möchte sich Lisa für die Ausbildung zur Immobilienkauffrau bei einem großen Wohnungsbauunternehmen bewerben. Sie schreibt: „Auf der Bewerbermesse in Ulm habe ich mit Ihrem Ausbilder, Herrn Martens, gesprochen. Dabei habe ich einen sehr guten Eindruck von Ihrer Firma gewonnen und mich davon überzeugen können, dass der Beruf der Immobilienkauffrau das Richtige für mich ist. Gerne möchte ich mich daher für eine Ausbildung bei Ihnen bewerben."
Mit einer solchen Einleitung gelingt es Lisa, die Aufmerksamkeit des Personalverantwortlichen sofort auf sich zu ziehen. Sie wird zum Vorstellungsgespräch eingeladen.

Profi**TIPP**

Bewerbungen mitbringen und verteilen
Stellen Sie Bewerbungsmappen zusammen, die Sie zur Ausbildungsmesse mitbringen. Drücken Sie die Mappe den Ausbildern, Personalverantwortlichen oder Chefs in die Hand. Das verschafft Ihnen einen Zeitvorteil gegenüber Ihren Mitbewerbern. Machen Sie das an den Messeständen der Unternehmen, die Ihnen interessant erscheinen und die den gewünschten Ausbildungsgang anbieten.

Wenn Sie Ihre Bewerbungsmappe zum Zeitpunkt der Messe noch nicht fertiggestellt haben, lassen Sie sich davon trotzdem nicht abhalten hinzugehen. Denn auch der umgekehrte Weg funktioniert: Eine Ausbildungsmesse kann die ideale Vorbereitung für das Schreiben von Bewerbungen sein.

Der Besuch lohnt sich – ob mit oder ohne Bewerbungsmappe.

Der erfolgreiche Messebesuch

TOP 5

❶ **Eigeninitiative:** Fragen Sie auf der Messe die Auszubildenden, die schon eine Lehrstelle haben, nach ihren Erfahrungen. Suchen Sie das Gespräch mit Ausbildern. Stellen Sie Fragen zur Ausbildung, zum Betrieb und zu den geforderten Interessen sowie Qualifikationen.

❷ **Selbstbewusstsein:** Bringen Sie die Sprache ohne Scheu auf Ihre Stärken. Sagen Sie, was Sie als Bewerber für einen Arbeitgeber interessant macht. Angeben oder übertreiben sollten Sie aber nicht.

❸ **Bewerbungsmappen:** Wer dem potenziellen Arbeitgeber nach einem guten Gespräch eine fertige Bewerbungsmappe überreichen kann, hat die Nase vorn.

❹ **Kontaktpflege:** Sammeln Sie die Visitenkarten und die Unternehmensprospekte möglicher Ausbildungsbetriebe. Wenn Sie keine Bewerbung zur Messe mitgebracht haben, schreiben Sie nach der Messe eine und schicken Sie sie an den betreffenden Ansprechpartner.

❺ **Bezug auf die Messe:** Wenn Sie in einer Bewerbung Inhalte aus einem Messegespräch oder einem Unternehmensprospekt aufgreifen, heben Sie sich positiv von der Masse anderer Bewerber ab.

Sammeln Sie auf der Messe so viele Informationen wie möglich. Sie wissen dann, wo Sie sich bewerben können, und haben auch gleich Anknüpfungspunkte, auf die Sie sich im Anschreiben beziehen können. Je genauer Ihre Bewerbung zu den Erwartungen des Empfängers passt, desto größer sind Ihre Erfolgschancen.

Anknüpfungspunkte für den weiteren Bewerbungsprozess

Der Standardweg: Stellenangebote in der Zeitung

Viele Unternehmen schreiben ihre Ausbildungsplätze in der Zeitung aus, selbst wenn sie über die IHK, Handwerkskammer oder die Bundesagentur für Arbeit genügend Auszubildende für ihre freien Stellen finden könnten. Sie schalten häufig dennoch Inserate, weil sie sich von der Aussage „Wir bilden aus" einen gewissen Werbeeffekt versprechen. Vor allem Ausbildungsbetriebe aus der Region annoncieren gerne in der regionalen Tageszeitung.

Anzeigen in der Heimatzeitung

Samstags auch die Zeitungen benachbarter Regionen lesen

Studieren Sie die Stellenanzeigen der Zeitungen vor allem am Wochenende ausgiebig. Nicht nur Ihre Heimatzeitung ist für Sie interessant, sondern möglicherweise – je nach Reichweite – auch die Lokalzeitungen benachbarter Regionen. Denn auch dort werden Sie das eine oder andere Inserat finden, auf das Sie sich bewerben können.

Fallbeispiel Die beiden Städte Kassel und Göttingen sind mit dem Zug je nach Verbindung nur eine halbe bis Dreiviertelstunde voneinander entfernt. Pendeln wäre also kein Problem. Folglich lohnt es sich, bei der Suche nach einem Ausbildungsplatz in dieser Region sowohl das „Göttinger Tageblatt" als auch die in Kassel ansässige „Hessisch/Niedersächsische Allgemeine" zu durchstöbern.

In der Bewerbungsphase die wichtigsten Zeitungen abonnieren

Ähnlich ist es in vielen anderen Regionen Deutschlands. Zum Teil überlappen sich die Verbreitungsgebiete der Zeitungen, zum Teil gibt es von ein und derselben Zeitung einen gemeinsamen Mantelteil mit überregionalen Nachrichten und einen lokalen redaktionellen Teil mit Anzeigen, der sich von Region zu Region unterscheidet. Sparen Sie nicht an Abonnementgebühren, sondern bestellen Sie während der Bewerbungsphase ruhig zwei oder drei Zeitungen zu sich nach Hause.

Möglich ist oft auch ein Abonnement der Online-Ausgaben der gewünschten Zeitungen, in denen ebenfalls alle Stellenanzeigen veröffentlicht werden. Sie müssen sich allerdings dann auch angewöhnen, sie an Ihrem Rechner regelmäßig zu lesen.

Abonnieren ist besser als kaufen.

Ein Abonnement ist die beste Lösung. Denn den Vorsatz, sich die Zeitungen jeden Samstag am Kiosk zu kaufen, scheitert regelmäßig aus den verschiedensten Gründen. Mal fehlt das Kleingeld, mal die Zeit für den Gang zum Kiosk, mal ist die gewünschte Ausgabe schon ausverkauft.

Verlassen Sie sich nicht auf Freunde und Bekannte.

Ebenso wenig funktioniert erfahrungsgemäß die Vereinbarung mit wohlmeinenden Freunden und Bekannten. Sie bieten zwar an, die Samstagsausgabe ihrer Regionalzeitung aufzubewahren und Ihnen beim nächsten Besuch zu übergeben. Doch dann wird die Zeitung entweder weggeworfen oder der nächste Besuch lässt so lange auf sich warten, dass die Stellenanzeigen schon nicht mehr aktuell sind.

Profi TIPP

Das kostengünstige Samstagsabonnement
Sie müssen kein Abonnement für jeden Tag abschließen, wenn Sie doch eigentlich nur an den Stellenangeboten am Samstag interessiert sind. Stattdessen bieten die meisten Zeitungen ein kostengünstiges Samstagsabonnement an, das sich in der Regel mit einer Frist von maximal einem Monat problemlos wieder kündigen lässt. Zwar wird die gewünschte Zeitung nicht immer am Samstagmorgen mit dem Zeitungsboten ausgeliefert. Spätestens am Montag haben Sie sie aber in Ihrer Post. So versäumen Sie keine Stellenanzeigen mit den Ausbildungsangeboten in Ihrer Region.

Wenn Sie in der Zeitung interessante Ausbildungsangebote finden, schneiden Sie sie gleich aus und heften Sie sie in Ihrem Bewerbungsordner ab. Schreiben Sie auf jede Anzeige unbedingt das Datum und den Namen der Zeitung, in der Sie das Inserat gefunden haben. Denn diese Angaben brauchen Sie für Ihr Anschreiben, wenn Sie sich bewerben wollen. Schließlich möchte der Empfänger wissen, wie Sie von seinem Stellenangebot erfahren haben. Im Anschreiben erwähnen Sie üblicherweise kurz, wie Sie auf den betreffenden Ausbildungsbetrieb gestoßen sind, das heißt, Sie nehmen Bezug auf das Inserat.

Stellenangebote beschriften, ausschneiden und abheften

Eine zusätzliche Fundstelle: Stellenangebote im Internet

Einige Bewerbungswebsites und Stellenbörsen im Internet sind auf die Ausschreibung von Ausbildungsplätzen spezialisiert:

- Zum einen die schon erwähnte Jobbörse der Bundesagentur für Arbeit. Dort sind viele, aber nicht alle offenen Ausbildungsstellen ausgeschrieben: www.jobboerse.arbeitsagentur.de. Für duale Ausbildungen im öffentlichen Dienst – vor allem mit dem Berufsziel Verwaltungsfachangestellte/-r bei den Städten und Gemeinden – ist diese Jobbörse sehr empfehlenswert. Die meisten Kommunen stellen Ihre Angebote in die Jobbörse der Arbeitsagentur ein.

Jobbörse der Arbeitsagentur

- Die Lehrstellenbörsen der Handwerks- und Industrie- und Handelskammern werden meist ebenfalls im Internet veröffentlicht. Sie finden Sie über www.ihk-lehrstellenboerse.de oder über eine Suchmaschine, indem Sie die Begriffe „Lehrstellenbörse IHK" oder „Lehrstellenbörse Handwerkskammer" eingeben.

Lehrstellenbörsen der IHKs und Handwerkskammern
→ S. 45 f.

■ Auch im Handwerk gibt es Online-Lehrstellenbörsen der verschiedenen Innungen und Kreishandwerkerschaften. Das sind Zusammenschlüsse von Handwerkern der gleichen Fachrichtung und Region. Am einfachsten finden Sie solche Lehrstellenbörsen über die Suchbegriffe „Lehrstellenbörse Innung" oder noch spezifischer „Lehrstellenbörse Schreinerinnung", „Lehrstellenbörse Sanitär Heizung" „Lehrstellenbörse Kreishandwerkerschaft" usw.

■ Schauen Sie auch auf der Internetseite des Bundesinstituts für Berufsbildung nach: www.ausbildungplus.de. Das Bundesinstitut für Berufsbildung, kurz BIBB, untersteht dem Bundesministerium für Bildung und Forschung. Sie finden unter den Menüpunkten „Berufswahl" und „Ausbildungsplatzsuche" eine lohnende Linksammlung mit verschiedenen Ausbildungsplatzbörsen.

■ Eine Vielzahl privater Internetplattformen für die Ausbildungsplatzsuche wird teilweise über Sponsoren, teilweise über Werbung finanziert. Das Angebot wechselt immer wieder, neue Lehrstellenbörsen kommen dazu, alte werden geschlossen oder einfach nicht mehr aktualisiert. Auf solche Lehrstellenbörsen stoßen Sie, indem Sie in eine Suchmaschine das Wort „Lehrstelle" oder „Ausbildungsplatz" eingeben.

ProfiTIPP

Suche eingrenzen

Falls Sie auf einer Jobbörse landen, auf der nicht ausschließlich Lehrstellen ausgeschrieben sind, können Sie Ihre Suche meist durch einen Filter eingrenzen. Das heißt, Sie wählen die Kategorie „Ausbildung", „Ausbildungsberufe" oder „Lehrstellen" aus und bekommen dann nur die entsprechenden Angebote angezeigt.

Aufgepasst: Bei Stellenanzeigen im Internet besteht immer die Gefahr, dass der Eintrag nicht mehr aktuell und die Lehrstelle schon vergeben ist. Selbst wenn ein Stellenangebot das Datum von gestern oder von heute trägt, ist das nicht unbedingt eine Garantie für seine Aktualität. Das liegt daran, dass manche Portale ältere Stellenangebote aus anderen Plattformen oder Zeitungen übernehmen und sie einfach mit dem aktuellen Datum versehen.

Prüfen Sie deshalb bei Online-Angeboten immer nach, ob die Lehrstelle wirklich noch angeboten wird. Besuchen Sie die Internetseite des betreffenden Unternehmens und schauen Sie, ob der Ausbildungsplatz auch dort ausgeschrieben ist. Noch besser ist es aber, anzurufen und nachzufragen. Denn längst nicht alle Firmen halten ihre Websites stets auf dem neuesten Stand.

Wichtig: Internetausschreibungen auf Aktualität prüfen

ProfiTIPP

Suche auf Firmenwebsites
Neben der Suche über Lehrstellenbörsen können Sie auch direkt auf die Internetseiten von Unternehmen gehen, die Sie kennen und bei denen Sie sich eine Ausbildung vorstellen könnten. Einige davon – meist die großen Firmen – schreiben ihre offenen Lehrstellen auf der eigenen Website aus. Bei kleineren Betrieben können Sie nicht unbedingt davon ausgehen, Lehrstellenausschreibungen auf der Firmenhomepage zu finden.

Manchmal nützlich: ein Stellengesuch

Manche Lehrstellenbörsen der IHKs und Handwerkskammern bieten Ihnen die Möglichkeit, ein eigenes Stellengesuch einzustellen.

Kostenlos: Stellengesuche auf den Lehrstellenbörsen der Kammern

Das ist durchaus sinnvoll, denn es kostet Sie nichts. Sie müssen sich einfach nur anmelden und können dann Ihr Bewerberprofil in eine Maske eingeben. Die Unternehmen haben Zugriff auf dieses Profil – und melden sich gegebenenfalls bei Ihnen, wenn ihnen der Eintrag interessant erscheint.

Knüpfen Sie nicht zu viele Hoffnungen an ein solches Stellengesuch. Gerade bei begehrten Ausbildungsplätzen bekommen die Unternehmen genügend Bewerbungen. Sie werden sich also nicht zwangsläufig bei den Stellengesuchen umschauen, um geeignete Lehrlinge zu finden. Anders sieht das aus, wenn Sie ein vergleichsweise ungewöhnliches Berufsziel ausgewählt haben. Dann kann ein Stellengesuch auf einer Lehrstellenbörse Sie schnell zum gewünschten Erfolg bringen.

Bei wenig gefragten Berufen ist ein Stellengesuch am aussichtsreichsten.

Daneben bieten viele Tageszeitungen Sonderseiten für Azubi-Stellengesuche. Dort können Sie zu einem vergleichsweise günstigen Preis Ihr Stellengesuch mit Foto, Berufsziel sowie einigen Zusatzangaben wie Schulabschluss, Alter, Interessensschwerpunkten und Hobbys veröffentlichen.

Stellengesuche auf Azubi-Sonderseiten in Tageszeitungen

Die Chancen, auf diese Weise von einem Ausbildungsbetrieb entdeckt zu werden, sind aber eher gering. Zumindest für größere Ausbildungsbetriebe sind solche Stellengesuche oft nicht aussagekräftig genug. Firmenchefs, Ausbilder oder Personalverantwortliche machen sich nicht immer die Mühe, die Sonderseiten mit Lehrstellengesuchen zu durchstöbern, Kontakt zu interessanten Kandidatinnen oder Kandidaten aufzunehmen und sie zur Einreichung einer Bewerbung aufzufordern.

Am ehesten lohnt sich ein solches Stellengesuch, wenn Sie einen Ausbildungsplatz im lokalen Handwerk, Einzelhandel oder in einem kleineren Dienstleistungsunternehmen suchen, wenn Sie also etwa Friseur/-in, Verkäufer/-in oder Bürokaufmann/-kauffrau werden möchten.

---

*Profi*TIPP

Überzeugend: ein gutes Foto
Oft stellen Ausbildungsplatzsuchende in solchen Stellengesuchen schlecht belichtete Handyfotos ein. Das sollten Sie vermeiden! Ein gutes Porträt ist Ihr wichtigstes Aushängeschild. Bevor jemand Ihr Stellengesuch liest, wird er sich das Foto anschauen. Worauf Sie bei Porträtfotos achten sollten, lesen Sie auf Seite 77 f.

3.2 Die passende Berufsfachschule finden

Bei dualen Ausbildungsgängen müssen Sie sich um die Wahl der passenden Schule nicht kümmern. Das macht Ihr Ausbildungsbetrieb für Sie. Wenn Sie eine Lehrstelle gefunden haben, meldet Ihr Arbeitgeber Sie bei der zuständigen Schule an und stellt Sie während der erforderlichen Schulzeiten von der Mitarbeit im Betrieb frei. Der Schulbesuch ist für Sie Pflicht, Aufnahmehürden gibt es keine.

Anders sieht es aus, wenn Sie eine rein schulische Ausbildung absolvieren möchten. Dann müssen Sie sich selbst um die Aufnahme bei einer geeigneten Berufsfachschule kümmern beziehungsweise sich dort auf eine Ausbildungsstelle bewerben. Hier ein paar Hilfen, wo und wie Sie geeignete Schulen in Ihrer Nähe finden.

Das Kursnet-Angebot der Bundesagentur für Arbeit

Die Berufsfachschulen oder Berufskollegs sind per Suchfunktion auf einer Internetseite der Bundesagentur für Arbeit auffindbar. Die Internetadresse lautet: www.kursnet.arbeitsagentur.de. Hier empfiehlt sich die „Systematiksuche". Suchen Sie zunächst den Bereich aus, in dem Sie Ihre Ausbildung absolvieren möchten, z. B. „Gesundheit, Sport". Diesen Bereich können Sie immer weiter eingrenzen, bis Sie beim gewünschten Beruf landen. Die berufsbildenden Schulen, die den entsprechenden Ausbildungsgang anbieten, können Sie sich nach einzelnen Bundesländern anzeigen lassen.

Suche über „Kursnet"

Alternativ gehen Sie über die Internetseite www.berufenet. arbeitsagentur.de. Geben Sie die Berufsbezeichnung in die Suchmaske ein und wählen Sie anschließend den passenden Ausbildungsberuf durch Anklicken aus. Unter „Stellen- und Bewerberbörse" erreichen Sie dann mit wenigen Klicks die entsprechende Kursnet-Seite, auf der die zum Berufsziel passenden Schulen aufgelistet sind. Sie finden in dieser Liste übrigens auch jeweils einen Link zu den entsprechenden Schulen.

Suche über „Berufenet"

Auf den Homepages dieser Schulen können Sie die Anforderungen an Bewerber, die Einzelheiten zur Bewerbung und zu dem genauen Vorgehen beim Auswahlverfahren nachlesen. Sollten diese Informationen nicht auf der Schulwebsite stehen, dann empfiehlt sich eine telefonische Kontaktaufnahme.

Besuchen Sie die Homepages der Schulen, die infrage kommen.

Falls Sie selbst über die Online-Suche nicht weiterkommen, wenden Sie sich an den für Sie zuständigen Berufsberater bei der Bundesagentur für Arbeit. Auch er kann für Sie die Berufsfachschulen oder Berufskollegs ausfindig machen, an denen Sie sich für die gewünschte Ausbildung bewerben können.

3.3 Weite Wege sollten kein Hinderungsgrund sein

Sie müssen damit rechnen, dass Sie nicht jede schulische Berufsausbildung direkt in Ihrer Nähe absolvieren können. Das gilt manchmal auch für duale Ausbildungen, denn nicht immer haben geeignete Ausbildungsbetriebe direkt an Ihrem Wohnort eine Stelle zu vergeben.

Betriebe und Berufsschulen sind oft weit vom Heimatort entfernt.

Die Berufsfachschulen, die Sie während einer rein schulischen Ausbildung besuchen, sind ebenfalls nicht immer in der Nähe. Vor allem neuere oder ungewöhnliche Berufe werden oftmals nur in großen Städten angeboten.

Davon sollten Sie sich aber möglichst nicht abhalten lassen, wenn die gewählte Ausbildung Ihren Fähigkeiten und Neigungen voll und ganz entspricht. Zwar mag es zeitlich und finanziell eine größere Belastung sein, für die Ausbildung zu pendeln oder gar wegzuziehen. Aber eine gute Ausbildung ist das allemal wert.

ProfiTIPP

Eine Investition in die Zukunft

Je besser der Beruf zu Ihnen passt und je besser ausgebildet Sie sind, desto nachhaltiger werden sich auch die investierte Zeit, das investierte Schulgeld und die Fahrtkosten später auszahlen. Der Anspruch, einen Beruf zu haben, mit dem Sie zufrieden sind und den Sie gerne ausüben, ist auf keinen Fall verfehlt. Sie haben dann bessere Aufstiegschancen. Ganz abgesehen davon sind Sie außerdem ein glücklicherer und zufriedenerer Mensch, wenn Sie beruflich das tun, was Ihnen liegt.

Klären Sie die Finanzierungsfrage.

Es kann allerdings sein, dass das Geld zum Problem wird. Als Azubi verdienen Sie nicht viel, in Berufsfachschulen zahlen Sie möglicherweise sogar Geld für Ihre Ausbildung. Ob dann Ihre Mittel fürs Pendeln oder für eine eigene Wohnung an Ihrem Ausbildungsort reichen, ist fraglich. Besprechen Sie mit Ihren Eltern oder nahestehenden Verwandten, ob diese die Kosten oder Teile davon übernehmen können.

Finanzielle Unterstützung gibts auch von Bund, Ländern und Kommunen.

Halten Sie unbedingt auch Rücksprache mit der Bundesagentur für Arbeit. Nicht nur vom Bund, sondern teilweise auch von den Ländern gibt es Ausbildungsbeihilfen und zinsgünstige Förderdarlehen. Auch das ist ein Weg, Ihre Wunschausbildung trotz finanzieller Engpässe zu absolvieren.

Die Bewerbung vorbereiten: gezielte Recherchen

Es ist leider so: In bestimmten Berufen und Unternehmen ist die Konkurrenz groß. Deshalb muss Ihre Bewerbung inhaltlich besonders überzeugend sein. Nur dann schaffen Sie es, sich von Ihren Mitbewerbern abzuheben. Der Schlüssel zum Erfolg liegt dabei in einer gründlichen Vorbereitung. Zeigen Sie schon im Anschreiben,

Gute Vorbereitung, bessere Chancen

■ dass Sie sich mit dem Unternehmen, bei dem Sie sich bewerben, genauer befasst haben und
■ dass Sie sich bewusst für das genannte Berufsziel entschieden haben und sicher sind, dass Sie sich dafür eignen.

Steigen Sie deshalb noch etwas tiefer in die Recherche ein, bevor Sie Ihre Bewerbung formulieren. Suchen Sie für jeden Ausbildungsbetrieb, der für Sie infrage kommt, einige Hintergrundinformationen heraus, die Sie gezielt in Ihrem Anschreiben unterbringen können.

Recherchen zum Unternehmen

Das Gleiche gilt für das Berufsziel, das Sie in einer Bewerbung nennen. Firmenchefs oder -chefinnen, Personalverantwortliche und Ausbilder/-innen möchten gerne wissen, warum Sie sich ausgerechnet für den genannten Beruf entschieden haben. Der Aufwand lohnt sich. Wenn Sie diese Frage plausibel beantworten können, sind Sie vielen anderen Bewerbern meilenweit voraus.

Fundiertes Wissen über den Zielberuf

In manchen Fällen empfiehlt sich außerdem eine Kontaktaufnahme zum gewünschten Ausbildungsbetrieb, bevor Sie Ihre Bewerbung hinschicken. Wann das der Fall ist und wie Sie es am besten anstellen, erfahren Sie in Kapitel 4.3.

Kontakt aufnehmen

4.1 Recherchen zum Unternehmen

Nutzen Sie alle erdenklichen Informationsquellen.

Heute genügt meist ein Blick ins Internet, um Einzelheiten zu möglichen Ausbildungsbetrieben herauszufinden. Selbst kleine Betriebe haben oft eine eigene Homepage. Folglich führt Ihr erster Weg bei der Unternehmensrecherche ins Internet. Darüber hinaus können Sie

Firmenprospekte
- Firmenprospekte durchblättern – bei größeren Firmen können Sie diese per Post anfordern,

Persönliche Kontakte
- Mitarbeiter befragen, die Sie kennen,

Zeitungsartikel
- Presseberichte verfolgen,

Tag der offenen Tür
- einen Tag der offenen Tür besuchen oder

Firmenbesichtigung
- an einer Firmenbesichtigung teilnehmen.

PraxisTIPP   **Erfolgreich recherchieren**

Finden Sie Antworten auf folgende Fragen:

- Wie lautet der **genaue Name** des Unternehmens und wie lautet die **Rechtsform?** In der Bewerbung kommt es auf eine korrekte Schreibung an. Die Rechtsform, z. B. GmbH, KG, OHG, AG, gehört der Vollständigkeit halber dazu.

- Wo befindet sich der **Firmensitz?** Wo gibt es **Filialen, Außenstellen** oder **Zweigniederlassungen?** Das könnte für Ihren Einsatzort entscheidend sein.

- **Wie groß** ist das Unternehmen? Sie können in Ihrer Bewerbung durchaus Gründe benennen, warum Sie Ihre Ausbildung lieber in einem Großbetrieb machen möchten, oder umgekehrt, warum Ihnen ein kleiner familiengeführter Handwerksbetrieb lieber ist.

- Welche **Produkte** stellt das Unternehmen her? Welche **Dienstleistungen** erbringt es? Wenn Sie selbst damit gute Erfahrungen gemacht haben, kann auch das eine Erwähnung wert sein.

- Welche **Wettbewerber** gibt es auf dem Markt? Wer ist der stärkste **Konkurrent?** Das erwähnen Sie zwar nicht in der Bewerbung. Es könnte aber sein, dass Ihnen im Vorstellungsgespräch eine entsprechende Frage gestellt wird.

- Für welche **Kunden** arbeitet das Unternehmen? Sind es **Privatkunden** oder **Firmenkunden?** Falls es Firmenkunden sind, aus welcher **Branche** kommen sie? Diese Einordnung ist besonders wichtig, wenn Sie in der Ausbildung Kundenkontakt haben.

- Wie ist die **aktuelle Situation** des Unternehmens? Wenn Sie es etwa mit einem Marktführer in starker Position zu tun haben, können Sie erwähnen, dass das einer Ihrer Beweggründe ist, sich gerade hier zu bewerben.

- Welche **Schwerpunkte** setzt das Unternehmen? So gibt es beispielsweise Handwerksbetriebe, die sich auf den alters- und behindertengerechten Ausbau von Bädern spezialisiert haben, Einzelhändler, die größten Wert auf ausgezeichnete Beratung legen, Industrieunternehmen, die besonders innovativ sind. Wenn Sie in Ihrer Bewerbung anklingen lassen, dass Ihnen dies bekannt ist, sammeln Sie Zusatzpunkte.

4.2 Recherchen zum Berufsziel

In Stellenanzeigen ist üblicherweise detailliert aufgelistet, welche Kenntnisse und Fähigkeiten ein Bewerber oder eine Bewerberin für die angebotene Stelle mitbringen muss. Nicht so bei den Ausschreibungen für Lehrstellen. Hier sind meist nur die üblichen Gemeinplätze wie „teamfähig", „flexibel" und „verantwortungsbewusst" zu finden. Das sind Eigenschaften, die sicherlich für die meisten arbeitenden Menschen wünschenswert sind, die aber nicht in jedem Beruf unerlässlich sind.

Anzeigen für Lehrstellen geben kein Wunschprofil preis.

Als Kauffrau brauchen Sie beispielsweise ein gutes Zahlenverständnis, als Verkäufer müssen Sie ausgesprochen kommunikationsstark sein. Das sind die wirklich wichtigen Voraussetzungen, und diese stehen so gut wie nie in einer Lehrstellenausschreibung. Umso wichtiger ist es, dass Sie selbst wissen, auf welche Fähigkeiten, Kenntnisse und Neigungen es bei Ihrem Berufsziel ankommt.

Schlüsselqualifikationen selbst recherchieren

Ihre Eignung für den gewählten Beruf belegen Sie, indem Sie sich in Ihrer Bewerbung auf die Schlüsselqualifikationen beziehen. Zeigen Sie, dass sie die wichtigsten Eigenschaften, Interessen und Fähigkeiten mitbringen und sich deshalb gerade für dieses Berufsziel entschieden haben und nicht für ein anderes. Qualifikationen, die Sie nicht oder nur eingeschränkt mitbringen, erwähnen Sie in Ihrer Bewerbung nicht.

Schlüsselqualifikationen in der Bewerbung herausstellen

ProfiTIPP

Ein schneller Überblick

Die Internetseite www.berufenet.arbeitsagentur.de haben Sie schon kennengelernt. Sie leistet Ihnen auch jetzt wieder gute Dienste. Denn dort können Sie eine Kurzbeschreibung jedes beliebigen Berufs aufrufen. Unter den Stichpunkten „Interessen und Fähigkeiten" finden Sie eine Übersicht der nötigen Qualifikationen. Es lohnt sich auch ein Blick auf die Tätigkeitsbeschreibung. Eine Anmerkung, dass Sie manche dieser Tätigkeiten schon jetzt gerne ausüben, verleiht Ihrer Bewerbung mehr Nachdruck. Wenn Sie also etwa eine Malerlehre machen wollen, erwähnen Sie ruhig, dass Sie häufig anderen beim Malern und Tapezieren helfen.

4.3 Die gezielte Kontaktaufnahme

Kontaktaufnahme nicht um jeden Preis anstreben

Eine häufige Empfehlung lautet, vor der Bewerbung Kontakt zu den jeweiligen potenziellen Ausbildungsbetrieben herzustellen. Damit soll man sich von der Masse der anderen Bewerber abheben. Grundsätzlich ist diese Empfehlung richtig. Sie gilt aber nicht uneingeschränkt. Wenn es keinen zwingenden Grund für eine Kontaktaufnahme gibt und ein Bewerber oder eine Bewerberin sich mit einem vorgeschobenen Grund beim möglichen Arbeitgeber meldet, besteht die Gefahr, eher negativ aufzufallen.

Ein Praktikum ist der ideale Erstkontakt.

Eine Kontaktaufnahme ist uneingeschränkt empfehlenswert, wenn Sie schon ein Praktikum in einem Unternehmen gemacht haben und in dieser Zeit etwa den Ausbilder, die Personalchefin oder den Firmeninhaber kennengelernt haben.

Persönliche Kontakte nutzen

Auch wenn Sie die entscheidenden Leute auf anderem Wege kennen – etwa durch eine gemeinsame Mitgliedschaft im Sport- oder Musikverein – ist es nicht schwierig, vor der Bewerbung noch einmal auf sie zuzugehen. Fragen Sie in einem geeigneten Moment ruhig nach, ob Sie Ihre Bewerbung hinschicken dürfen.

Fragen eventuell telefonisch klären

Schwieriger ist eine erste Kontaktaufnahme, wenn Sie vorher noch nie mit dem betreffenden Unternehmen zu tun hatten. Sie haben prinzipiell zwei Möglichkeiten: Entweder Sie rufen an, oder Sie gehen persönlich vorbei. Ein Anruf ist sinnvoll, wenn Sie vor Ihrer Bewerbung noch einige Fragen klären möchten. Tipps dazu finden Sie im folgenden Abschnitt.

Selten praktiziert, aber sinnvoll: der persönliche Besuch

Ein persönlicher Besuch empfiehlt sich vor allem bei kleinen Unternehmen, etwa bei Handwerksbetrieben oder familiengeführten Einzelhandelsgeschäften. Was Sie dabei beachten müssen, lesen Sie ab Seite 67.

Telefonische Kontaktaufnahme

Ob eine telefonische Kontaktaufnahme ratsam ist oder nicht, hängt vom Einzelfall ab. Sicher ist: Sie können damit die Aufmerksamkeit der Person, bei der Sie sich bewerben wollen, auf sich lenken. Das funktioniert manchmal sehr gut, manchmal aber auch nicht. Denn es muss eine Reihe von glücklichen Umständen zusammentreffen, damit Sie durch einen Anruf im Vorfeld Ihrer Bewerbung die gewünschte Wirkung erzielen, nämlich positiv aufzufallen und als Kandidatin oder Kandidat für die Lehrstelle bevorzugt behandelt zu werden.

- Zunächst einmal müssen Sie die Person erreichen, die in dem jeweiligen Unternehmen die Entscheidungen über die Vergabe der Ausbildungsplätze fällt.

  Wichtig: der richtige Ansprechpartner

- Diese Person sollte zudem gerade Zeit haben, wenn Sie anrufen. Wenn sie sich bei einer wichtigen Tätigkeit gestört fühlt, werden Sie womöglich kurz und bündig abgefertigt und kommen gar nicht dazu, sich vorzustellen und ins rechte Licht zu setzen.

  Wenn die angerufene Person keine Zeit hat, brechen Sie ab.

- Selbst wenn es Ihnen gelingt, ein nettes, informatives Gespräch zu führen, ist nicht gesagt, dass Ihnen das bei der Bewerbung weiterhilft. Sie können nicht davon ausgehen, dass sich die angerufene Personalverantwortliche oder der angerufene Handwerksmeister später an Ihren Namen erinnert.

  Schwierig: in Erinnerung bleiben

- Rufen Sie zu einer Zeit an, in der sich die betreffende Person gar nicht mit der Einstellung neuer Auszubildender befasst, wird sie Ihnen zwar womöglich die gewünschten Auskünfte erteilen, sich aber ansonsten nicht näher mit Ihnen als potenziellem Kandidaten oder potenzieller Kandidatin für die offene Lehrstelle befassen.

  Steht die Entscheidung über Lehrstellen noch gar nicht an, nutzt ein Anruf nichts.

Als Faustregel gilt: Per Telefon sollten Sie nur Kontakt aufnehmen, wenn Sie Fragen mit echtem Klärungsbedarf haben.

ProfiTIPP

Vorsicht mit der Frage „Bilden Sie aus?"

Die Frage, ob das jeweilige Unternehmen im nächsten Lehrjahr Auszubildende einstellt, ist kein geeigneter Aufhänger für einen telefonischen Erstkontakt. Falls das angerufene Unternehmen tatsächlich ausbildet, werden Sie kurz und knapp auf die entsprechenden Stellenausschreibungen verwiesen.

Hat ein Betrieb dagegen noch keine Entscheidung darüber gefällt, ob er im kommenden Ausbildungsjahr Lehrlinge einstellt, handelt sich der Anrufer oft eine Absage ein, weil sich die angerufene Person bedrängt fühlt. Unter Zeitdruck fällt niemand gerne eine Entscheidung. Deshalb besteht die Gefahr, sich mit einem vorherigen Telefonat ein spontanes „Nein" einzuhandeln. Wenn Sie nicht sicher sind, ob ein Ausbildungsbetrieb eine Lehrstelle anbietet, schicken Sie einfach auf gut Glück Ihre Bewerbung hin oder bringen Sie sie persönlich vorbei. Die Aussichten sind dann besser als bei einem Telefonat.

Wer sich am Telefon nicht sicher fühlt, sollte auch nicht anrufen.

Suchen Sie nicht extra nach Vorwänden für ein Telefonat, nur um vorher aufzufallen. Entweder, Sie haben echte Fragen, die zu klären sind. Dann ist eine telefonische Kontaktaufnahme gerechtfertigt. Sie könnten zum Beispiel fragen, ob Arbeitsproben erwünscht sind oder ob für Sie aufgrund einschlägiger Vorkenntnisse eine Verkürzung der Ausbildungszeit infrage kommt. Wenn Sie dagegen keine wirklichen Fragen haben, ist auch ein vorheriger Anruf nicht empfehlenswert.

Banale Fragen sorgen für Irritationen.

Fallbeispiel Tim Schneider ruft bei dem großen Drehteilehersteller an, bei dem er sich als Zerspanungsmechaniker bewerben möchte. Er lässt sich zur Personalchefin durchstellen, meldet sich freundlich mit Namen und bittet darum, eine Frage stellen zu dürfen. Als sie zustimmt, legt er los:

Tim: „Ich wüsste gerne, welche Zeugnisse ich meiner Bewerbung beilegen soll."

Personalchefin *(verwundert):* „Die üblichen. Da verlangen wir nichts anderes als andere Betriebe auch."

Tim: „Sie meinen also mein Zeugnis von Klasse 9 und mein Zwischenzeugnis von Klasse 10?"

Personalchefin *(leicht irritiert):* „Genau, die brauchen wir selbstverständlich."

Tim: „Wie sieht es mit Praktikumszeugnissen aus?"

Personalchefin *(entnervt):* „Wenn Sie welche haben, sollten Sie diese natürlich beilegen."

Tim *(verunsichert, stottert):* „Tja, ja – g-g-gut, danke für die Auskünfte. Ich schicke Ihnen dann meine Bewerbung."

Das Motto lautet nicht: „Auffallen um jeden Preis."

Der Anruf hinterlässt bei beiden ein ungutes Gefühl. Das Ziel aufzufallen mag Tim vielleicht erreicht haben, aber ganz bestimmt nicht im positiven Sinne.

Wer nach allzu banalen, selbstverständlichen Dingen fragt, ruft nur Irritationen hervor. Im beschriebenen Fall reagiert die Personalchefin zunehmend ungehalten. Welche Zeugnisse man einer Bewerbung üblicherweise beilegt, kann man überall nachlesen, z. B. in diesem Buch. Das muss man nicht ausgerechnet bei dem Betrieb erfragen, bei dem man sich bewerben möchte. Solche Erfahrungen sollten Sie sich besser ersparen.

→ S. 81 f.

Dagegen kann eine ähnliche Nachfrage in kreativen Berufen sinnvoll sein. So ist oft etwa die Frage zu klären, ob schon bei der schriftlichen Bewerbung Arbeitsproben erwünscht sind.

Erfragen Sie Informationen, die nicht im Stellenangebot stehen.

Fallbeispiel Annika Renker möchte Mediengestalterin Digital und Print werden und sich bei einer großen Werbeagentur in ihrer Stadt bewerben. Am Computer hat sie schon viele eigene Entwürfe gemacht, unter anderem hat sie das Layout für die Schülerzeitung entworfen. Sie wählt die Durchwahl des Personalchefs, die sie zuvor bei der Vermittlung erfragt hat.

Annika: „Guten Tag, mein Name ist Annika Renker. Spreche ich mit Herrn Salchow?"

Personalchef: „Ja, da sind Sie richtig."

Vergewissern Sie sich, ob Sie mit der richtigen Person sprechen.

Annika: „Ich habe eine Frage, haben Sie einen Moment Zeit für mich?"

Personalchef: „Aber gerne!"

Annika: „Ich habe in der Zeitung gelesen, dass Sie Mediengestalter ausbilden und möchte mich gerne bei Ihnen bewerben. Soll ich der schriftlichen Bewerbung gleich einige Arbeitsproben beilegen? In Ihrem Inserat habe ich dazu keine Information gefunden."

Personalchef: „Das stimmt. Wir verzichten auf diese Anforderung, weil viele Bewerber noch gar keine eigenen Arbeiten vorweisen können. Wenn Sie jedoch schon Arbeitsproben haben, freuen wir uns darüber. Schicken Sie sie ruhig mit!"

Annika: „Vielen Dank für die Auskunft! Dann schicke ich Ihnen in Kürze meine Bewerbung zusammen mit einer Schülerzeitung, für die ich im letzten Schuljahr das Layout gemacht habe."

Kündigen Sie Ihre Bewerbung an.

Personalchef: „Wir freuen uns darauf. Vielen Dank für Ihren Anruf!"

In diesem Telefonat schafft es Annika spielend, ihr Können ins rechte Licht zu rücken. Selbst wenn der Personalchef sich ihren Namen nicht gemerkt hat, weiß er doch: Die Bewerbung mit der Schülerzeitung stammt von der netten Anruferin. Daran wird er sich erinnern, wenn er die Mappe durchblättert. Auf diese Weise hat Annika tatsächlich ein paar Pluspunkte gesammelt.

Eine Liste, welche Fragen sinnvoll sind und welche nicht, gibt es nicht. Es kommt ganz auf die Situation an. Als Faustregel gilt aber: Bitten Sie nicht um Auskünfte, die schon aus dem Stelleninserat hervorgehen oder leicht ohne Anruf zu recherchieren sind.

Fragen Sie nichts, was Sie leicht selbst herausfinden können.

Notieren Sie Ihre Fragen, bevor Sie zum Hörer greifen.

Wenn Ihnen eine gute Frage einfällt und Sie sich zutrauen, ein Telefonat freundlich und souverän zu führen, dann ist ein Anruf angebracht. Bereiten Sie ihn allerdings immer gut vor, damit Sie nicht ins Stocken geraten. Schreiben Sie sich Ihre Fragen vorher auf und seien Sie am Telefon stets freundlich und höflich.

---

*Praxis***TIPP**   **Leitfaden für den telefonischen Erstkontakt**

1. Finden Sie den richtigen Ansprechpartner oder die richtige Ansprechpartnerin heraus. Bitten Sie um die Durchwahl oder lassen Sie sich gleich durchstellen.

„Guten Tag, hier spricht Daniel Mertens. Können Sie mir sagen, wer bei Ihnen für die Einstellung von Auszubildenden zuständig ist?" – „Ja, das macht bei uns Herr Hofmeister. Soll ich Sie durchstellen?" – „Das wäre nett, danke!" – „Moment! Ich verbinde."

2. Am Anfang des Gesprächs steht ein Gruß. Nennen Sie außerdem deutlich Ihren Namen, und zwar den Vor- und den Nachnamen. Es schadet auch nichts, wenn Sie die zuständige Person ebenfalls gleich mit Namen anreden."

„Hofmeister" – „Guten Tag, Herr Hofmeister, mein Name ist Daniel Mertens." – „Guten Tag!" *(Abwartendes Schweigen am anderen Ende der Leitung)*

3. Sagen Sie, dass Sie sich bewerben möchten, nennen Sie dabei das Berufsziel und fragen Sie dann, ob der oder die Personalverantwortliche kurz Zeit für Sie hat.

„Ich möchte mich gerne bei der Raiffeisenbank Musterhausen für eine Ausbildung zum Bankkaufmann bewerben und habe dazu noch einige Fragen. Haben Sie einen Moment Zeit dafür?" – „Aber gerne, fragen Sie nur!"

4. Jetzt stellen Sie Ihre Frage. Hören Sie bei den Antworten aufmerksam zu. Sie können auch Rückfragen stellen, um deutlich zu machen, dass Sie ganz Ohr sind.

„In der Zeitung habe ich gelesen, dass bei Ihnen in Kürze das Bewerbungsverfahren für das nächste Jahr beginnt. Bis wann muss ich meine Bewerbung denn spätestens losschicken?" – „Wenn Sie im nächsten Jahr bei uns anfangen wollen, dann endet bei uns die Bewerbungsfrist am 31. August." – „Alles klar, ich sehe, dann muss ich mich beeilen. Noch eine Frage: Ihre Bank hat ja Zweigstellen im ganzen Landkreis. Da wüsste ich gerne, an welchen Orten die Azubis ausgebildet werden." – „Da gibt es mehrere Möglichkeiten. Aktuell ist ein Auszubildender in der Zweigstelle in Steinfeld, fünf sind in Musterhausen und drei weitere in Kirchbeuren. Oft finden in Musterhausen zentrale Veranstaltungen für alle Azubis statt. Warum?" – „Ich wohne in Winzhofen und kann mich nur bewerben, wenn ich mit dem Bus oder Mofa zu meinem Einsatzort komme." – „Keine Sorge, da sind wir flexibel und finden sicher auch etwas in Ihrer Nähe. Wir stimmen die Einsatzorte immer im Vorfeld mit unseren Azubis ab." – „Es ist also unwahrscheinlich, dass ich etwa in Grenzenfeld eingesetzt würde?" – „Ja."

5. Bedanken Sie sich für die Auskünfte und verabschieden Sie sich freundlich.

„Prima, dann steht einer Bewerbung ja nichts mehr im Wege. Ich danke Ihnen für die Auskünfte." – „Bitte!" – „Dann wünsche ich Ihnen noch eine schöne Woche. Auf Wiederhören!" – „Ihnen auch, wir sind gespannt auf Ihre Bewerbung. Auf Wiederhören!"

Wenn die für die Lehrstellenvergabe zuständige Person keine Zeit hat, erzwingen Sie nichts. Fragen Sie in einem solchen Fall, wann ein Anruf besser passen würde, und rufen Sie dann noch einmal an. Sonst wird Ihr Anruf womöglich als lästig empfunden und Sie haben keine Chance mehr, angenehm aufzufallen.

Zwingen Sie der angerufenen Person kein Gespräch auf.

Gerade Handwerker, die viel auf Montage sind, haben oft feste Bürozeiten, zu denen sie am besten erreichbar sind, beispielsweise zwischen sieben und acht Uhr morgens. Wenn Sie außerhalb dieser Zeiten anrufen, erreichen Sie entweder den falschen Ansprechpartner – „Mein Chef ist gerade weg, ich bin hier nur der Geselle. Soll ich ihm was ausrichten?" – oder Sie erwischen die gewünschte Person per Rufumleitung in einem eher ungünstigen Moment.

Feste Bürozeiten nutzen

Persönlich beim Ausbildungsbetrieb vorsprechen

Bei kleineren Betrieben können Sie einen Erstkontakt herstellen, unabhängig davon, ob Sie Fragen haben oder nicht. Es kann durchaus sinnvoll sein, persönlich hinzugehen, statt nur zum Hörer zu greifen. Geben Sie Ihre Bewerbung dort ab, das bringt Ihnen Pluspunkte ein. Das funktioniert oft sogar dann, wenn Sie gar nicht die Person antreffen, die die Entscheidung über die Lehrstellen fällt. Falls der oder die Zuständige nicht da ist, händigen Sie Ihre Bewerbungsmappe am besten der Person aus, die Sie im Büro oder Vorzimmer antreffen. Wenn Sie Fragen haben, bitten Sie um einen Termin. Wer durch ein freundliches Auftreten einen guten Eindruck hinterlässt, sammelt Punkte. Denn der Vertreter wird der zuständigen Person davon berichten.

Trauen Sie sich, hinzugehen und Ihre Bewerbung abzugeben.

Fallbeispiel Fabian Rengsdorff möchte Ofen- und Luftheizungsbauer werden. Sein Favorit als Ausbildungsbetrieb ist der örtliche Kachelofenbauer Bertram. Er erstellt eine Bewerbungsmappe und geht eines Nachmittags zum Büro des Betriebs. Dort trifft er nur Frau Bertram an, die Ehefrau des Inhabers.

Fabian: „Hallo, Frau Bertram, mein Name ist Fabian Rengsdorff. Ist Ihr Mann im Hause?"

Frau Bertram: „Leider nicht, er ist gerade bei einem Kunden. Worum geht es?"

Fabian: „Ich suche einen Ausbildungsplatz und würde sehr gerne in Ihrem Betrieb den Beruf des Ofenbauers erlernen."

Nicht abwimmeln lassen; eine offene Art zahlt sich möglicherweise aus.

Frau Bertram: „Dazu kann ich aktuell nichts sagen, mein Mann ist noch unschlüssig, ob er in diesem Jahr wieder einen Auszubildenden einstellt."

Fabian: „Ich fände es klasse, wenn ich bei Ihnen in die Lehre gehen dürfte. Meine Eltern haben einen Kachelofen von Ihnen und sind ganz begeistert. Das hat mich darauf gebracht, bei Ihnen eine Ausbildung machen zu wollen. Darf ich Ihnen meine Bewerbungsmappe dalassen?"

Frau Bertram: „Oh – Sie haben sogar schon eine Bewerbung geschrieben? Die gebe ich natürlich gerne an meinen Mann weiter. Er meldet sich dann bei Ihnen."

Fabian: „Vielen Dank! Ich würde mich sehr freuen, wenn er sich das mit der Lehrstelle überlegen würde."

Bei seiner Rückkehr berichtet Frau Bertram Ihrem Mann von dem Gespräch:

Vertreter können gute Fürsprecher sein.

Frau Bertram: „Da war heute ein junger Mann da, Fabian Rengsdorff. Der würde gerne seine Ausbildung bei uns machen. Seine Bewerbung hat er gleich mitgebracht. Also, wenn es nach mir ginge, könntest du den direkt einstellen. Mit dem machst du wahrscheinlich keine schlechten Erfahrungen."

Herr Bertram *(überlegt):* „Rengsdorff? Rengsdorff? Kenne ich nicht – halt doch, haben seine Eltern nicht vor vier oder fünf Jahren einen Kachelofen bei uns bestellt?"

Frau Bertram: „Stimmt, das hat er erwähnt."

Herr Bertram: „Wenn die Bewerbung etwas taugt, sage ich nicht Nein. Gib sie mir mal rüber." *(Nach kurzem Durchblättern:)* „Du hast recht, das sieht ganz gut aus. Ich glaube, wir rufen ihn mal an und laden ihn ein. Dann kann ich ihn mir genauer anschauen."

Oft fällt der Chef die Entscheidung nicht allein.

Unterschätzen Sie nicht den Einfluss, den andere Betriebsangehörige durch ihre Fürsprache ausüben. Im geschilderten Beispiel war es die positive Einschätzung der Ehefrau, die den Ofenbauermeister Bertram dazu gebracht hat, sich gleich mit der Bewerbungsmappe zu befassen. Wäre die Bewerbung einfach nur mit der Post gekommen, hätte er sie womöglich erst einmal beiseitegelegt und die Entscheidung, ob er eine Lehrstelle einrichten soll oder nicht, auf später verschoben. Durch Fabians Besuch ist eine Vorentscheidung zugunsten einer Lehrstelle gefallen.

Ähnliches kann Ihnen mit einer Sekretärin, einem Gesellen oder einem anderen Angestellten in einem möglichen Ausbildungsbetrieb passieren. Nur bei Behörden empfiehlt sich dieses Vorgehen nicht. Dort wird die Lehrstellenvergabe oft zentral organisiert und die Menschen vor Ort haben meist keinen Einfluss darauf.

Bei Behörden lohnt es sich nicht, die Bewerbung persönlich abzugeben.

Wenn Sie gleich die Person erwischen, die für die Lehrstellenvergabe verantwortlich ist, umso besser! Dann geben Sie ihr die Bewerbungsmappe mit ein paar freundlichen Anmerkungen, warum Sie gerne in dem betreffenden Betrieb ihre Ausbildung machen würden.

Die Bewerbung nicht stumm übergeben, sondern kommentieren

Fehler, die Sie beim Vorsprechen vermeiden sollten

FLOP 5

❶ **Ungepflegte Kleidung:** Abgerissene Jeans, ein T-Shirt mit dem Bild eines Skandal-Rappers oder Tätowierungen und Piercings bringen Ihnen höchstwahrscheinlich keine Pluspunkte ein. Kleiden Sie sich ruhig lockerer als zu einem Vorstellungsgespräch, aber doch sauber und ordentlich.

❷ **Kaugummi im Mund:** Das wirkt unfein und trägt nicht gerade zu einem gepflegten Erscheinungsbild bei.

❸ **Eltern oder Freunde im Schlepptau:** Wer nicht allein zum Unternehmen geht, erweckt den Eindruck, er sei unsicher und brauche Unterstützung bei der Lehrstellensuche.

❹ **iPod am Ohr:** Ein MP3-Player gehört zur Freizeitausstattung, ist also fehl am Platze, wenn Sie sich beruflich vorstellen. Selbst wenn Sie ihn sofort ausschalten und wegpacken, wirkt das nicht gut.

❺ **Handy in Alarmbereitschaft:** Schalten Sie Ihr Handy aus und stecken Sie es weg. Ein Klingeln zur falschen Zeit wirkt störend. Wer zudem ständig SMS-Nachrichten tippt, während er warten muss, ist abgelenkt und womöglich nicht konzentrationsfähig, wenn der gewünschte Gesprächspartner dann endlich Zeit hat.

Wenn sich weder eine telefonische Kontaktaufnahme anbietet noch ein Abstecher zum gewünschten Ausbildungsbetrieb, senden Sie Ihre Bewerbung einfach so hin. Sie müssen nicht um jeden Preis vorher auf sich aufmerksam machen, schon gar nicht, wenn Sie unsicher sind und womöglich riskieren, negativ aufzufallen.

Bewerben ohne Erstkontakt ist durchaus legitim.

Die schriftliche Bewerbung

Sie sind jetzt gut informiert über Ihren gewünschten Ausbildungsberuf. Sie wissen, wo Sie sich bewerben können, und haben Einzelheiten zu den möglichen Ausbildungsbetrieben ermittelt. Jetzt können Sie ans Werk gehen und Bewerbungen schreiben.

In aller Regel werden Sie Ihre Bewerbungsmappen per Post versenden, sie persönlich bei potenziellen Ausbildungsbetrieben vorbeibringen oder in elektronischer Form per E-Mail bzw. über ein Online-Bewerberportal zustellen. Die Online-Bewerbung wird von fortschrittlichen, meist größeren Unternehmen immer häufiger gewünscht, da dieser Bewerbungsweg zeit- und kostensparend für das Unternehmen ist. Dazu aber mehr im nächsten Kapitel.

Zunächst geht es um die klassische Bewerbungsmappe, die Sie per Post versenden. Auf den folgenden Seiten erfahren Sie,

- was zu einer vollständigen Bewerbung gehört,
- wie Sie Anschreiben und Lebenslauf ansprechend formulieren,
- was Sie beachten müssen, damit Ihre Bewerbungsmappe auch rein äußerlich einen guten Eindruck macht.

5.1 Vollständig und ansprechend: die Bewerbungsmappe

Achten Sie darauf, nur vollständige Bewerbungsunterlagen zu versenden. Fehlt in Ihrer Bewerbungsmappe etwas, wird sie in der Regel sofort aussortiert.

In aller Regel macht sich kein Empfänger die Mühe, fehlende Zeugnisse oder Nachweise eines Bewerbers oder einer Bewerberin nachzufordern.

Unvollständige Unterlagen führen zu einer Absage.

✓ Was zu einer vollständigen Bewerbung gehört

☐ Anschreiben

☐ Deckblatt: Das ist kein Muss, aber empfehlenswert.

☐ Bewerbungsfoto

☐ Lebenslauf

☐ Schulzeugnisse: Üblich sind unbeglaubigte Kopien der letzten beiden Schulzeugnisse, z. B. bei einem Realschüler das Zeugnis des 9. Schuljahres und das Zwischenzeugnis des 10. Schuljahres.

☐ Praktikumsnachweise oder -zeugnisse, sofern vorhanden: Auch hier schicken Sie nur Kopien mit und niemals das Original.

CHECKLISTE

Legen Sie diese Bestandteile ordentlich in eine Bewerbungsmappe, mit einer Ausnahme: Das Anschreiben wird nicht in die Mappe gesteckt, sondern liegt lose obenauf.

Das Anschreiben nicht in die Mappe stecken

Profi**TIPP**

Klarsichthüllen, nein danke!
Stecken Sie die einzelnen Blätter nicht in Klarsichthüllen. Bei Personalverantwortlichen sind diese äußerst unbeliebt, weil sie auf eine Zweitverwendung der Bewerbung schließen lassen.

Schnellhefter sind für Bewerbungen ungeeignet. Bei Bewerbungen ist es nicht üblich, die einzelnen Blätter zu lochen und abzuheften. Verwenden Sie lieber Mappen mit einem schwenkbaren Klemmbügel oder mit einer Klemmschiene.

Keine Schnellhefter verwenden, sondern Klemmmappen

Alternativ gibt es klassische Bewerbungsmappen aus Plastik oder farbigem Pappkarton. Sie legen Ihre Unterlagen lose in die Mappe ein und fixieren das Anschreiben in einer halbmondförmigen Ausstanzung. So erscheint es beim Öffnen der Mappe zuoberst.

Die teurere Alternative: klassische Bewerbungsmappen

Farben: Schreiend bunt kommt nicht gut an
Selbst wenn Sie sich für einen Kreativberuf bewerben, Ihre Bewerbungsmappe wählen Sie lieber in dezenten Farben.

Kein Pink, Neongelb oder Quietschgrün!

Grau, Weiß, Dunkelblau oder Weinrot sind gängige Farben. Besonders beliebt bei Personalverantwortlichen sind fast durchsichtige oder transparente Mappen. Denn so behalten sie in einem ganzen Stapel von Bewerbungen den Überblick, wessen Unterlagen in welcher Mappe liegen, und müssen nicht lange blättern.

Schlicht und dezent

Merken Sie sich: Auffallen müssen Sie vor allem durch einen überzeugenden Inhalt, nicht durch schreiende Farben oder kunstvolle Verzierungen. Deshalb verbietet sich übrigens auch ein allzu verschwenderischer Umgang mit Zierelementen: Auf eine Bewerbung gehören keine Pferdekopfmotive, keine Sternzeichen und keine Zierrahmen wie bei einer Urkunde. Das gilt auch für künstlerische Berufe. Ihre Kreativität stellen Sie lieber mit überzeugenden Arbeitsproben unter Beweis.

Eine Schriftart genügt.

Aufgepasst auch bei der Wahl der Schriftarten. Lesbarkeit ist oberstes Gebot, deshalb kommen schlecht lesbare, verspielte Zierschriften nicht infrage. Wählen Sie eine gängige Schriftart und Schriftgröße, z. B. Arial oder Helvetica, Schriftgröße 11, oder Times New Roman, Schriftgröße 12.

5.2 Das Anschreiben

Mit dem Anschreiben lenken Sie die Aufmerksamkeit des Empfängers auf Ihre Person. Darin sollte alles Wichtige stehen, was Ihre Eignung für den gewählten Ausbildungsberuf belegt. Trotzdem sollte es nicht über eine Seite hinausgehen. Stellen Sie den linken Seitenrand auf 24 mm ein, den rechten auf mindestens 8 mm, dann entspricht Ihr Anschreiben den DIN-Vorschriften. Das Anschreiben einer Bewerbung ist im Grunde immer gleich aufgebaut:

→ S. 89 ff.
→ CD-ROM

Absenderangaben: An oberster Stelle – in den meisten Textverarbeitungsprogrammen ab Zeile 1 – steht Ihre eigene Adresse. Achten Sie darauf, die vollständige Adresse anzugeben. Auch Ihre Telefonnummer sollten Sie dazuschreiben – und zwar diejenige, unter der Sie am besten erreichbar sind. Das kann auch die Handynummer sein. Telefonnummern schreiben Sie nach der neuesten DIN-Norm für Geschäftsbriefe Ziffer für Ziffer ohne Klammern und ohne Leerzeichen. Lediglich zwischen der Vorwahl und der Hauptrufnummer muss ein Leerzeichen stehen.

Geben Sie nur Adressdaten an, unter denen Sie auch erreichbar sind.

Geben Sie Ihre E-Mail-Adresse nur an, wenn Sie Ihr E-Mail-Postfach regelmäßig auf neue Eingänge prüfen. Nennen Sie aber nur eine ernsthafte E-Mail-Adresse und keine, bei der etwa ein Spitzname von Ihnen vorkommt: Rapperking@gmx.de oder hannimausi@web.de wären ungeeignet.

Legen Sie sich bei GMX, Yahoo oder Web.de eine seriöse E-Mail-Adresse zu.

Anschrift des Unternehmens: Achten Sie hier besonders genau auf die Schreibweise. Auch die Rechtsform der Firma gehört dazu. Falls in der Anzeige ein Ansprechpartner oder eine Ansprechpartnerin genannt wurde, schreiben Sie seinen oder ihren Vor- und Nachnamen mit dem Zusatz „Herrn" oder „Frau" unter den Firmennamen. Anschließend folgen Straße und Hausnummer sowie, ohne eine vorherige Leerzeile, Postleitzahl und Ort.

Einige Rechtsformen: AG, GmbH, OHG, KG, GmbH & Co. KG, eG

> Voltmatex Büroausstattungen GmbH
> Herrn Hugo Maier
> Industriestr. 12
> 78003 Musterstadt

Der Zusatz „Herrn" oder „Frau" ist ein Muss.

Datum: Die Datumsangabe steht üblicherweise rechtsbündig zwischen Anschrift und Betreffzeile. Sie können den Ort voranstellen, müssen das aber nicht tun.

Bei einstelligen Tagen und Monaten: jeweils mit vorangestellter Null

- 08.01.2013
- 8. Januar 2013
- Mannheim, 08.01.2013

Betreffzeile: kurz und prägnant

Betreffzeile: Eine bis zwei Zeilen unter dem Datum folgt die Betreffzeile, in der Sie den Grund Ihres Schreibens kurz und prägnant zusammenfassen. Im Betreff können Sie die Stellenanzeige kurz erwähnen. Die Betreffzeile kann auch zweizeilig sein. Heben Sie sie durch Fettdruck hervor. Die früher übliche Angabe „Betreff:" oder „Betr.:" ist heute nicht mehr gebräuchlich.

Die namentliche Anrede ist besser.

Anrede: Nach weiteren zwei Leerzeilen folgt die Anrede. Wenn Ihnen der Ansprechpartner namentlich bekannt ist, schreiben Sie nicht „Sehr geehrte Damen und Herren", sondern zum Beispiel: „Sehr geehrte Frau Maier". Vergessen Sie, falls vorhanden, den akademischen Titel nicht. Setzen Sie also bei einem Doktor ein „Dr." vor den Namen. Nach der Anrede steht immer ein Komma. Anschließend schreiben Sie klein weiter.

Bewerbungstext: Nach einer weiteren Leerzeile folgt nun das eigentliche Anschreiben: Beziehen Sie sich auf die Stellenanzeige, auf Presseberichte oder persönliche Kontakte.

Auf Anknüpfungspunkte zurückkommen

Gehen Sie in der **Einleitung** darauf ein, wie Sie auf das Unternehmen aufmerksam geworden sind. Wenn Sie schon Kontakte zu dem betreffenden Unternehmen geknüpft haben, etwa durch ein Praktikum oder durch den Besuch einer Ausbildungsmesse, erwähnen Sie das. Ansonsten nehmen Sie kurz Bezug auf die Stellenanzeige oder Sie beschreiben, wie Sie anderweitig von dem Unternehmen oder Ausbildungsplatz erfahren haben.

Beginnen Sie mit Ihrer aktuellen Situation. Dann führen Sie Ihre Qualifikationen auf.

Im **Hauptteil** geht es um Ihre Qualifikation für den angestrebten Beruf und um Ihre Motivation, ihn zu ergreifen. Bringen Sie alle Argumente, die für Sie sprechen, in einfachen, kurzen Sätzen auf den Punkt. Dass sie die Fähigkeiten und Begabungen mitbringen, die für die gewählte Ausbildung unabdingbar sind, sollten Sie auf jeden Fall erwähnen. Idealerweise belegen Sie das mit Einzelheiten aus Ihrem Lebenslauf. Zusatzpunkte bringt oft die Aussage, warum Sie sich ausgerechnet bei dieser Firma bewerben.

Vermeiden Sie dabei aber so banale Begründungen wie: „weil Ihr Betrieb direkt bei uns in der Nähe liegt". Schreiben Sie außerdem nicht in jeder Bewerbung dasselbe. Zwar wissen die Empfänger das nicht, sie merken aber, dass Sie nicht auf ihr spezielles Unternehmen eingehen.

Die Bewerbung auf das jeweilige Unternehmen abstimmen

Erinnern Sie sich noch an die Ergebnisse Ihrer Unternehmensrecherche? Hier können Sie unterbringen, was Sie an dem jeweiligen Betrieb so bemerkenswert finden. Wenn sich eine Firma z. B. durch ihre Innovationskraft, ihre guten Produkte oder ihre hervorragende Beratung auszeichnet, erwähnen Sie ruhig, dass Sie auch deshalb Ihre Ausbildung gerne dort absolvieren möchten.

→ S. 60

Zum **Schluss** schreiben Sie, dass Sie sich über eine Einladung zum Vorstellungsgespräch oder Auswahltest freuen würden.

Am Ende zur Reaktion auffordern

Grußformel und Unterschrift: Nach einer weiteren Leerzeile folgt die Grußformel, die meist schlicht „Mit freundlichen Grüßen" lautet. Beachten sie, dass dahinter kein Komma steht. Anschließend unterschreiben Sie von Hand mit blauer Tinte. Schalten Sie für die Unterschrift mindestens drei Leerzeilen zwischen Grußformel und Anlagenvermerk.

Ein Unterschriftenscan kommt nicht infrage!

Anlagenvermerk: Dieser folgt linksbündig unter der Unterschrift. Entweder, Sie schreiben einfach nur das Wort „Anlagen" oder Sie listen danach alle Unterlagen auf, die in Ihrer Bewerbungsmappe enthalten sind.

Ein Anlagenvermerk gehört dazu.

Anlagen
Lebenslauf
Zeugnisse
Praktikumsnachweis

---

*Profi*TIPP

Vermeiden Sie Rechtschreib- und Grammatikfehler!
Nutzen Sie die Duden-Rechtschreibprüfung auf der CD zu diesem Buch oder lassen Sie Ihre Bewerbung am Schluss von jemandem Korrektur lesen. Selbst bei Bewerbungen auf praktische, handwerkliche Berufe, bei denen Rechtschreibung und Grammatik scheinbar weniger wichtig sind, legen die Verantwortlichen Wert auf fehlerfreie Anschreiben. Disqualifizieren Sie sich nicht schon in der Vorrunde, wo es noch gar nicht um Ihre fachliche Eignung geht.

Denken Sie daran, dass das Anschreiben nicht in die Bewerbungsmappe eingelegt oder eingeheftet wird, sondern darauf liegt. Einige Beispiele für Anschreiben finden Sie – zusammen mit den zugehörigen Lebensläufen – ab Seite 89.

5.3 Das Deckblatt

→ S. 88, 91
→ CD-ROM

Das erste eingeheftete Blatt in der Bewerbungsmappe ist das Deckblatt. Seine wesentliche Aufgabe besteht darin, beim Empfänger oder der Empfängerin Interesse zu wecken. Da es zuerst ins Auge fällt, sollten Sie das Deckblatt mit besonderer Sorgfalt gestalten.

Ein passender Rahmen für Ihr Foto und die wichtigsten Angaben

Ein Deckblatt ist kein Muss, aber es ist empfehlenswert. Denn hier können Sie Ihr Foto und die wesentlichen Angaben zu Ihrer Bewerbung übersichtlich und ansprechend platzieren. Diese Elemente gehören auf das Deckblatt:

Berufsziel, Empfänger, persönliche Daten und Foto gehören auf das Deckblatt.

- eine Überschrift, die angibt, worauf Sie sich bewerben (Beispiel: „Bewerbung auf eine Lehrstelle als Bürokauffrau"),
- eventuell der Vor- und Zuname sowie die Firmenbezeichnung des Empfängers oder der Empfängerin,
- Ihr Name, Ihre Adresse, Ihre Telefonnummer und gegebenenfalls Ihre E-Mail-Adresse,
- ein aussagekräftiges Bewerbungsfoto.

Ein schlichtes Deckblatt ohne aufwendige Gestaltung genügt.

Es gibt keine einheitlichen Standards, wie ein Deckblatt auszusehen hat. Sie haben bei der Gestaltung weitestgehend freie Hand. Ihr Deckblatt sollte aber zum Rest der Bewerbung und zu Ihrer Persönlichkeit passen. Ein Beispiel:

Foto	Jana Kaiser
	Bahnhofstraße 3
	71234 Waldstadt
	Tel.: 07123 1234567
	E-Mail: j.muster@mustermail.de
	Mein Berufswunsch:
	Mediengestalterin bei der ABC-Agentur

Aber bitte dezent!

Gestalten Sie das Deckblatt lieber dezent als allzu auffällig. Das gilt vor allem, wenn Sie Ihre Ausbildung eher in konservativen Berufen machen wollen, etwa als Bankkauffrau oder Steuerfachangestellter. Doch auch in Kreativberufen sollten Sie es nicht übertreiben. Gerade die sparsame, aber gezielte Verwendung von Zierschriften und Zierelementen verrät oft größeres Talent als ein übermäßiger Einsatz verschiedener Schriften, Hervorhebungen und Bilder.

5.4 Das Foto

Ihr Bewerbungsfoto sollte von einem Profi stammen. Es hat den Zweck, Sie optimal darzustellen und spielt bei der Auswahl eine wichtige Rolle, auch wenn es das nicht dürfte. Denn seit Inkrafttreten des Allgemeinen Gleichbehandlungsgesetzes (AGG) 2006 darf der potenzielle Arbeitgeber ein Bewerbungsfoto nicht mehr anfordern.

Mit einem ansprechenden Foto verbessern Sie Ihre Chancen.

FLOP 5

Solche Fotos kommen nicht infrage

❶ **Ganzkörperfotos:** Für die Bewerbung sind Porträts gefragt, auf denen nur Kopf und Schultern abgebildet sind.

❷ **Selbst gemachte Handyfotos:** Selbst wenn es sich um eine Porträtaufnahme handelt, ist die Ausleuchtung meist alles andere als ideal.

❸ **Automatenbilder oder biometrische Passbilder:** Ob schwarz-weiß oder Farbe, die Qualität von Automatenbildern ist unzureichend für eine Bewerbung. Auf biometrischen Passbildern werden Sie genau von vorn abgelichtet, Lächeln ist nicht erlaubt. Das wirkt streng und unfreundlich und eignet sich ebenfalls nicht für eine Bewerbung.

❹ **Freizeit- und Urlaubsbilder:** Im Hawaiihemd am Strand von Mallorca, im Hintergrund strahlend blauer Himmel – das mag ein schönes Bild sein, in einer Bewerbung hat es nichts zu suchen.

❺ **Bilder mit anderen Personen:** Bilder, auf denen außer Ihnen auch andere Personen zu sehen sind, oder Bildausschnitte, die sichtlich aus einem größeren Bild herausgeschnitten wurden, eignen sich nicht.

Bewerbungsbild ist nicht gleich Passbild.

Beauftragen Sie einen guten Fotografen und sagen Sie ausdrücklich, dass Sie die Bilder für eine Bewerbung brauchen. Das ist ein Unterschied zu den Passbildern, die Sie etwa für den Schülerausweis oder die Monatskarte im Nahverkehr benötigen.

Gängigstes Format: 4,5 × 6,5 cm

Passbilder sind nur 3 × 4,5 cm groß – zu klein, um Sie vorteilhaft ins rechte Licht zu setzen. Bewerbungsbilder dagegen sind meist etwas größer. Das Format liegt in der Regel bei 4,5 × 6,5 cm oder geringfügig darüber. Allzu groß, über 9 × 13 cm, sollten Ihre Bilder allerdings auch nicht sein. Das wirkt, als wollten Sie allein durch Ihr Aussehen überzeugen.

Meist werden Sie nicht genau von vorne fotografiert, sondern im Halbprofil. Beachten Sie folgende Regeln:

→ S. 148 f.

- Zum Fototermin kleiden Sie sich korrekt und ordentlich. Allzu auffällig sollte Ihr Outfit nicht sein.
- Achten Sie auf ein gepflegtes Äußeres. Bewerber sollten beispielsweise nicht unrasiert oder mit einem ungepflegten Dreitagebart erscheinen, ebenso ist ein aufgeknöpftes Hemd, aus dem die Brusthaare herausschauen, tabu. Bewerberinnen sollten auf tiefe Dekolletés und grelles Make-up verzichten.
- Lächeln Sie! Gemeint ist kein breites Grinsen, wohl aber eine freundliche, offene Miene.
- Lassen Sie mehrere Bilder von sich machen und wählen Sie am Schluss das beste aus.

Farbbilder oder Schwarz-Weiß-Bilder: Das bleibt Ihnen überlassen.

Ob Sie Schwarz-Weiß- oder Farbaufnahmen wählen, bleibt Ihnen überlassen. Generell sind heute Farbbilder üblich. Schwarz-Weiß-Bilder sind häufiger in künstlerisch-kreativen Berufen zu finden. Aber auch hier sind Farbbilder möglich.

Profi TIPP

Digital oder original?

Digitale Fotos gehören heute zum Standard, auch bei professionellen Fotografen. Wenn Sie von sich selbst professionelle digitale Porträts auf dem Rechner gespeichert haben, können Sie diese fraglos auf dem Deckblatt oder dem Lebenslauf Ihres Textdokuments einsetzen und für Ihre elektronische Bewerbung nutzen.

Für Ihre Bewerbung per Post sollten Sie einen Originalabzug Ihres Bewerbungsfotos verwenden.

Verwenden Sie für Ihre Bewerbung per Post einen Originalabzug Ihres Bewerbungsfotos. Notieren Sie auf der Rückseite mit einem weichen Bleistift Ihren Namen. Dann kann der Empfänger ein Bild auch dann noch zuordnen, wenn es sich von der Unterlage ablösen sollte.

Kleben Sie Ihr Bild mit einem Tropfen Klebstoff oder einem Klebestift auf das Deckblatt. Ob sie es neben, über oder unter die Angaben zu Ihrer Person und Ihrem gewünschten Ausbildungsberuf platzieren, ist reine Geschmackssache. Wenn Sie kein Deckblatt haben, kleben Sie das Foto oben auf Ihren Lebenslauf rechts neben die persönlichen Angaben zu Name, Geburtsdatum und Geburtsort.

> **Foto aufkleben, nicht antackern oder mit einer Büroklammer befestigen**

> *Profi***TIPP**
>
> **Büro- und Heftklammern sind tabu!**
>
> Fixieren Sie Ihr Foto niemals mit einer Büroklammer auf dem Deckblatt oder Lebenslauf. Auch das Antackern mit Heftklammern ist tabu. Beides mögen Personalverantwortliche überhaupt nicht, weil dadurch teilweise das Gesicht verdeckt oder das Foto verbogen wird. Oftmals werden Ihre Bewerbungsunterlagen kopiert oder sogar eingescannt, damit der Personalchef sie intern an Abteilungsleiter oder Ausbildungsbeauftragte weiterleiten kann. Dabei stören die Klammern!

Wenn Sie Ihr Foto mit Gummierkleber befestigen, lässt es sich später wieder problemlos und ohne Knicke von der Unterlage lösen. Auf diese Weise können Sie Bilder von Bewerbungen, die Sie unversehrt zurückerhalten, noch einmal verwenden.

> **Besser: Gummierkleber**

5.5 Der Lebenslauf

Der Lebenslauf wird häufig als wichtigstes Dokument einer Bewerbung angesehen. Firmenchefs, Personalverantwortliche und Ausbildungsleiter schauen sich ihn oft noch vor dem Anschreiben an. Deshalb sollte er entsprechend aussagekräftig sein.

→ S. 90 ff.
→ CD-ROM

Es genügt nicht, wenn Sie Ihre schulische Laufbahn kurz darstellen. Im Lebenslauf müssen Sie alle Informationen unterbringen, die Ihre Eignung für den gewählten Ausbildungsberuf unterstreichen.

> **Gerade Außerschulisches zählt.**

Der tabellarische Lebenslauf
Einen ausformulierten oder gar handgeschriebenen Lebenslauf müssen Sie nur einreichen, wenn der potenzielle Arbeitgeber das ausdrücklich verlangt. Das ist aber die absolute Ausnahme. Wenn in der Stellenausschreibung nichts anderes steht, ist ein getippter, tabellarischer Lebenslauf Standard.

Gestalten Sie den Kopf ähnlich wie beim Anschreiben.

In der Kopfzeile des Lebenslaufs steht Ihre Anschrift mit Telefonnummer und gegebenenfalls E-Mail-Adresse. Danach listen Sie folgende Punkte auf – wobei Sie die farbig hervorgehobenen Begriffe als Überschriften verwenden können:

Eltern und Geschwister sind eine freiwillige Angabe.

Persönliche Daten: Hier stehen Ihr Vor- und Nachname, Ihr Geburtsdatum und Geburtsort. Nicht zwingend erforderlich, aber durchaus üblich, sind Angaben zur Staatsangehörigkeit sowie zu den Eltern und ihrem Beruf. Ihre Religionszugehörigkeit geben Sie nur an, wenn dies ausdrücklich gewünscht ist. Das kommt vor allem bei kirchlichen Arbeitgebern vor.

Bei eher konservativen Firmen zeitlich aufsteigend, bei fortschrittlichen zeitlich absteigend

Schule/Schulischer Werdegang/Schulbesuch: Hier zählen Sie in chronologischer Abfolge alle Schulen auf, die Sie besucht haben. Nennen Sie Anfangs- und Enddatum, wobei die Angabe von Monat und Jahr genügt. Sie können Ihre Schulzeiten in chronologisch auf- oder absteigender Reihenfolge angeben. Vergessen Sie nicht, Ihren angestrebten oder bereits erzielten Schulabschluss zu erwähnen. Auch Ihre Lieblingsfächer und die AGs, die Sie besuchen oder besucht haben, gehören unter diese Überschrift.

Nennen Sie keine Computerspiele als Hobby.

Hobbys und Interessen: Diese Angabe gehört unbedingt in den Lebenslauf, denn sie lässt Rückschlüsse auf Ihre Fähigkeiten zu. Wer Fußball spielt, ist mit großer Wahrscheinlichkeit teamfähig, wer gerne tüftelt und repariert, ist handwerklich begabt. Wer Kreativhobbys ausübt, hat oft eine künstlerische Ader und beweist feinmotorisches Geschick. Vor allem Hobbys, die bestimmte Schlüsselqualifikationen wie Organisationstalent oder Führungsstärke belegen, sollten Sie erwähnen.

Machen Sie dabei ruhig genaue Angaben, schreiben Sie also „Fußball spielen" statt einfach „Sport" oder „Nähen und Filzen"

statt „Handarbeiten". Der Oberbegriff ist oft weniger aufschlussreich als das konkrete Hobby selbst.

Praktische Erfahrungen: Hierzu gehören Praktika und Ferienjobs.
Geben Sie den Monat, das Jahr, die Dauer und den Namen des
Arbeitgebers an. Auch regelmäßige oder gelegentliche Aushilfs-
tätigkeiten können Sie erwähnen, vor allem, wenn sie zum
gewünschten Ausbildungsberuf passen.

Erwähnen Sie auch Mithilfe im familiären Umfeld.

Sonstige Kenntnisse: Hier können Sie beispielsweise Sprach- und
Computerkenntnisse auflisten. Der Schwerpunkt liegt abermals
auf den Fähigkeiten, die Sie für Ihre Ausbildung brauchen.

Überlegen Sie: Was geht nicht aus Ihrem Schulzeugnis hervor?

Sie müssen sich nicht sklavisch an diese Einteilung halten, sondern können Hobbys, praktische Erfahrungen und sonstige
Kenntnisse auch unter der Rubrik „Sonstiges" zusammenfassen.
    Wichtig: Am Schluss des Lebenslaufs steht immer das Datum –
üblicherweise dasselbe wie im Anschreiben. Bestätigen Sie Ihre
Angaben, indem Sie Ihren Lebenslauf mit Vor- und Zunamen mit
blauer Tinte eigenhändig unterschreiben. Auch das dürfen Sie auf
keinen Fall vergessen!
    Etliche Beispiele für gelungene Lebensläufe finden Sie, zusam-
men mit den passenden Anschreiben, am Schluss dieses Kapitels
ab Seite 90.

Datum und eigenhändige Unterschrift nicht vergessen!

5.6 Zeugnisse, Praktikumsnachweise und sonstige Anlagen

Als abschließenden Teil Ihrer Bewerbung lassen Sie hinter dem
Lebenslauf die Anlagen folgen. All diese Unterlagen dienen dazu,
die Angaben in Ihrem Lebenslauf möglichst lückenlos zu belegen.
Zu den Anlagen gehören:

Heften Sie die Anlagen nicht mit einer Büroklammer zusammen.

- Schulzeugnisse: Üblich sind das letzte und das vorletzte Zeug-
nis. Dabei liegt das neueste Zeugnis oben.
- Praktikumszeugnisse oder -bescheinigungen: Auch hier legen
Sie Nachweise neueren Datums nach oben.
- Sonstige Nachweise: Das können beispielsweise Zertifikate
über eine außerschulische Weiterbildung oder absolvierte
Kurse sein.

Fügen Sie alle Nachweise bei, die Ihre Eignung belegen.

Originalzeugnisse
getrennt von den
Kopien aufbewahren

Wichtig: Versenden Sie immer nur Kopien und nie die Originalzeugnisse und -bescheinigungen. Am besten machen Sie von
vornherein genügend Kopien, die Sie getrennt von den Originalen
in Ihrem Bewerbungsordner aufbewahren. Sobald nur noch eine
oder zwei Kopien übrig sind, machen sie neue.

*Profi***TIPP**

Beglaubigungen

Beglaubigte Zeugnisse brauchen Sie nur zu versenden, wenn ein
potenzieller Arbeitgeber oder eine Berufsfachschule dies ausdrücklich verlangt. Dann gehen Sie mit dem Original zu Ihrer Stadt- oder
Kommunalverwaltung und bitten um eine beglaubigte Zeugniskopie.
Dafür verlangt die Behörde in aller Regel Gebühren.

Falten Sie Ihre
Bewerbung nicht
auf ein A5- oder
A6-Format.

Wenn Sie die Anlagen hinter dem Deckblatt und dem Lebenslauf
in Ihre Bewerbungsmappe eingeordnet haben, legen Sie das Anschreiben lose auf die Mappe oder klemmen die Ecken in die
dafür vorgesehenen Schlitze. Stecken Sie dann alles zusammen
vorsichtig in einen DIN-C4-Umschlag.

Die Anschrift muss
im Sichtfenster
erscheinen.

Bei Umschlägen mit Sichtfenster sollte die Empfängeranschrift
auf dem Anschreiben im Sichtfenster erscheinen. Meist sind aber
fensterlose Umschläge besser, weil es dann nichts ausmacht,
wenn das Anschreiben leicht verrutscht.

Beschriften Sie den Umschlag, bevor Sie Ihre Bewerbungsunterlagen hineinstecken. Dann drückt die Beschriftung nicht auf
das Anschreiben oder die Bewerbungsmappe durch. Außerdem
können Sie ordentlicher schreiben, solange der Umschlag noch
leer ist.

Sehr elegant: ausge-
druckte Klebeetiketten

Sehr ansprechend wirken am Computer gestaltete Klebeetiketten. In den meisten Textverarbeitungsprogrammen gibt es die
Option „Umschläge und Etiketten". Dort können Sie sogar einzelne Adressetiketten ausdrucken und dabei die gängigen Mar-
ken und Seriennummern handelsüblicher Etiketten aus einer
Liste auswählen.

Zum Schluss prüfen Sie Ihre Bewerbungsmappe anhand der
folgenden Checkliste. Wenn Sie alle Punkte der Checkliste mit Ja
beantworten können, dann steht einem Versand Ihrer Bewerbungsunterlagen nichts mehr im Wege.

✔ Die vollständigen Unterlagen

Anschreiben

☐ Ist Ihre Absenderanschrift vollständig und korrekt?

☐ Ist die Empfängeradresse fehlerfrei?

☐ Haben Sie das richtige Datum eingetippt?

☐ Ist die Anrede richtig? Haben Sie ggf. auch an den Titel gedacht?

☐ Haben Sie Angaben zu Ihrer Person, Ihrer Eignung und Ihrer Motivation für den gewählten Ausbildungsberuf gemacht?

☐ Haben Sie erwähnt, warum Sie ausgerechnet in dem Betrieb, bei dem Sie sich bewerben, eine Ausbildung absolvieren möchten?

☐ Ist das Anschreiben eigenhändig unterschrieben?

☐ Haben Sie am Schluss einen Anlagenvermerk untergebracht?

Deckblatt (kein Muss)

☐ Passt Ihr Deckblatt zum Rest der Bewerbung?

☐ Sind darauf Ihre Anschrift, der Arbeitgeber, bei dem Sie sich bewerben, und Ihr Berufsziel erwähnt?

☐ Haben Sie Ihr Bewerbungsfoto aufgeklebt?

Lebenslauf

☐ Sind alle wichtigen Informationen übersichtlich und ohne zeitliche Lücken aufgeführt?

☐ Stimmen die im Lebenslauf angegebenen Daten mit den Daten auf Ihren Zeugnissen und Tätigkeitsnachweisen überein?

☐ Belegen einzelne Punkte im Lebenslauf Ihre im Anschreiben aufgeführten Qualifikationen?

☐ Falls Sie kein Deckblatt verwenden: Haben Sie das Bewerbungsfoto oben rechts auf den Lebenslauf geklebt?

Anlagen

☐ Sind die letzten beiden Schulzeugnisse enthalten?

☐ Haben Sie Praktikumsnachweise und sonstige Belege beigefügt?

Reihenfolge

☐ Liegt das Anschreiben lose auf der Bewerbungsmappe?

☐ Haben Sie innerhalb der Mappe die Reihenfolge Deckblatt – Lebenslauf – letztes Schulzeugnis – vorletztes Schulzeugnis – sonstige Nachweise mit abnehmender Aktualität eingehalten?

5.7 Korrekte Rechtschreibung – worauf es bei Bewerbungen ankommt

Bei eigenen Texten ist man oft blind. Bitten Sie einen Dritten, Ihre Bewerbung zu korrigieren.

Auch wenn Sie in Ihrem gewählten Ausbildungsberuf selten etwas zu Papier bringen müssen, eine fehlerlose Bewerbung ist trotzdem wichtig. Denn bei der Bewerberauswahl werden Rechtschreib- und Grammatikfehler leicht zum K.-o.-Kriterium. Das liegt vor allem daran, dass ein Empfänger zunächst alle Bewerbungen sichtet und eine erste Vorauswahl meist anhand von formalen Kriterien trifft, bevor er auf die fachliche Eignung schaut. Häufige Fehlerquellen bei Bewerbungen sind:

Großschreibung bei der Höflichkeitsanrede Sie

„Sie" wird als Anrede großgeschrieben.

Das Wörtchen „Sie" wird großgeschrieben, wenn es sich dabei um die höfliche Anrede handelt.

> Ich freue mich, wenn ich **Sie** von meiner Eignung überzeugen konnte.

Großgeschrieben werden auch die Pronomen Ihnen, Ihre, Ihren usw., die sich auf die angesprochene Person beziehen.

> Besonders gerne möchte ich meine Ausbildung bei **Ihnen** machen. Mit Interesse habe ich **Ihre** Lehrstellenausschreibung in den Hanauer Nachrichten gelesen. Gerne möchte ich als Lehrling zu **Ihrem** Ausbildungsteam dazustoßen.
> Mir erscheint **Ihr** Unternehmen als Ausbildungsbetrieb deshalb so attraktiv, weil Sie weithin für **Ihren** guten Service bekannt sind.

Wann schreibt man „das", wann „dass"?

Das Wörtchen „das" leitet einen Relativsatz ein.

Beide Wörtchen können einen Nebensatz einleiten. Als Faustregel gilt: Wenn Sie das Wort „das" durch „welches" ersetzen können, schreibt man es mit einem einfachen s.

> Das Schulfach, **das** (= welches) mich am meisten interessiert, ist die Mathematik.
> Besonders interessant finde ich, **dass** man als Auszubildender bei Ihnen von vornherein in die Praxis eingebunden ist. (Hier kann „dass" nicht durch „welches" ersetzt werden.)

„Allgemeine Hochschulreife" – groß oder klein?

Das Wort „allgemein" in der Zusammensetzung „allgemeine Hochschulreife" schreibt man klein, es sei denn, es steht am Satzanfang. Entsprechendes gilt für die „mittlere Reife".

Die wichtigsten Kommaregeln

Bilden Sie in Ihrer Bewerbung klare, einfache Sätze. Dann ist auch die Kommasetzung nicht allzu schwierig. Hier die wichtigsten Regeln, an die Sie sich halten müssen:

■ Bei **Aufzählungen** werden die einzelnen Aufzählungsglieder durch Kommas abgetrennt. Wenn das Wörtchen „und" zwei Aufzählungsglieder verbindet, steht kein Komma.

Bei Aufzählungen steht vor „und" kein Komma.

Meine Hobbys sind Reiten, Inlineskaten, Radfahren und Lesen.
Ich treibe viel Sport, bin körperlich fit und arbeite überdies besonders gerne im Freien.

■ **Einschübe** werden zwischen Kommas gesetzt. Bei Namen können sie allerdings entfallen.

Einschübe mit Komma abtrennen

Mein letzter Ferienjob, eine Aushilfstätigkeit als Verkäuferin bei Mode Mustermann, hat mir viel Spaß gemacht.
Ihre Sekretärin[,] Frau Schneider[,] hat mir zu einer Bewerbung bei Ihnen geraten.

■ **Nachgetragene genauere Bestimmungen oder Einschübe** trennt man durch Kommas ab, besonders wenn sie mit den Wörtern „und zwar", „besonders", „nämlich" oder „außer" eingeleitet werden.

Ein Komma steht vor Bestimmungen mit „und zwar", „besonders", „nämlich" oder „außer".

Sie erreichen mich täglich, außer samstags, auf meiner Festnetznummer.
Ich treibe gerne Sport, besonders Leichtathletik.

- **Zwischen Haupt- und Nebensätzen** steht immer ein Komma. Das gilt auch, wenn der Nebensatz vorangestellt ist.

An Ihrer Praxis gefällt mir, dass sich die Patienten dort offensichtlich wohlfühlen.
Weil ich mich gerne mit der neuesten Mobilfunktechnik beschäftige, möchte ich gerne Handyverkäuferin werden.
Mein Ziel ist eine Tätigkeit, bei der ich selbstständig arbeiten kann und viel mit anderen Menschen zu tun habe.

Ein Nebensatz als Einschub steht zwischen zwei Kommas.

- **Eingeschobene Nebensätze** stehen zwischen zwei Kommas.

Kfz-Mechatroniker ist, weil ich immer sehr gerne Autos repariert habe, schon seit meiner Kindheit mein Traumberuf.
Die Firma, bei der ich mein Schulpraktikum absolviert habe, ist auf Werkzeugmaschinen spezialisiert.

Kein Komma, wenn Nebensätze mit „und" verbunden werden.

- **Zwischen Nebensätzen, die mit „und" verbunden sind,** steht kein Komma.

Da mir das Praktikum in Ihrer Restaurantküche sehr gut gefallen hat und da ich überdies auch zu Hause sehr gerne koche, bewerbe ich mich bei Ihnen auf den Ausbildungsplatz als Köchin.

Mit und ohne Komma ist richtig.

- **Zwischen Hauptsätzen, die mit „und" verbunden sind,** kann ein Komma stehen. Es darf aber auch weggelassen werden.

Ich bin gut im Organisieren[,] und ich übernehme gerne Verantwortung.

- **Kurze Konstruktionen mit Partizip (Mittelwort)** werden nicht durch Kommas abgetrennt. Bei längeren kann aber ein Komma gesetzt werden, um den Satz übersichtlicher erscheinen zu lassen.

Wie vereinbart schicke ich Ihnen meine Bewerbung.
Wie telefonisch angekündigt[,] sende ich Ihnen meine Bewerbungsmappe.
Wie mit Ihrer Sekretärin am Telefon besprochen[,] erhalten Sie heute meine Bewerbung als Bürokauffrau.

Zeichensetzung bei der Anrede

Nach der Anrede „Sehr geehrter Herr Mustermann" steht ein Komma. Danach schreiben Sie klein weiter – es sei denn, der erste Satz Ihres Briefes beginnt mit einem Hauptwort.

Die Anrede endet nicht mit einem Ausrufezeichen.

Sehr geehrter Herr Mustermann,
vielen Dank für die ausführlichen Auskünfte, die Sie mir auf der Ausbildungsmesse in Frankfurt gegeben haben ...

Zeichensetzung nach der Grußformel

Wenn Ihr Anschreiben mit den Worten „Mit freundlichen Grüßen" endet, dann steht dahinter kein Komma.

Nach „Mit freundlichen Grüßen" steht kein Komma.

Mit freundlichen Grüßen
Daniel Roth

Bildet der abschließende Gruß dagegen einen ganzen Satz, dann setzen Sie dahinter einen Punkt.

Vollständige Sätze werden mit einem Punkt beendet.

Ich freue mich, von Ihnen zu hören, und sende Ihnen herzliche Grüße nach Hamburg.
Daniel Roth

5.8 Beispiele für Deckblätter, Anschreiben und Lebensläufe

Im Folgenden finden Sie zwei Beispiele für Deckblätter sowie verschiedene Beispiele für Anschreiben und Lebensläufe. An diesen Formulierungsbeispielen und Vorlagen können Sie sich orientieren, wenn Sie Ihre eigene Bewerbung verfassen.

→ S. 88–115

  Duden-Service: Auf der CD zu diesem Buch finden Sie eine Auswahl an Vorlagen für Deckblätter, Anschreiben und Lebensläufe zu verschiedenen Berufen als RTF-Dateien zum praktischen Bearbeiten in Ihrem Textverarbeitungsprogramm.

→ CD-ROM

Bewerbungsunterlagen

für eine Ausbildung zur Bürokauffrau

Einrichtungshaus Meier
Herrn Alfred Meier
Industriestraße 15
84321 München

Andrea Neumann

Gartenstraße 3
81234 München
Tel.: 089 1234567
E-Mail: aneumann@mail.de

Andrea Neumann · Gartenstraße 3 · 81234 München · Tel.: 089 1234567
E-Mail: aneumann@mail.de

Einrichtungshaus Meier
Herrn Alfred Meier
Industriestraße 15
84321 München

17. Januar 2013

Bewerbung um einen Ausbildungsplatz als Bürokauffrau
Ihre Anzeige auf der Online-Jobbörse der Arbeitsagentur

Sehr geehrter Herr Meier,

mit großem Interesse habe ich Ihre Anzeige im Internet gelesen. Meine Eltern haben
Ihr Einrichtungshaus erst kürzlich gelobt, als sie sich dort eine neue Schrankwand
gekauft haben und sehr gut beraten wurden. Gerne möchte ich bei Ihnen meine Lehre
zur Bürokauffrau machen.

Zurzeit besuche ich die Staatliche Realschule in Neubiberg, die ich im Juli mit dem
Realschulabschluss abschließen werde. Meine Lieblingsfächer sind Französisch und
Mathematik. Daneben gehe ich gerne in die Computer-AG, wo ich mir Kenntnisse in
Microsoft Office mit allen gängigen Anwendungen aneignen konnte.

Erste berufliche Erfahrungen habe ich während meines vierwöchigen Betriebsprakti-
kums bei der Firma Müller Consult in Höhenkirchen gesammelt. Dort half ich bei der
Pflege der Kundendatei und durfte bei der Kursorganisation und Reiseplanung mit-
wirken. Besonders gefallen hat mir dabei die Zusammenarbeit im Team.

Ich freue mich, wenn ich Sie in einem persönlichen Gespräch von mir und meinen
Qualifikationen überzeugen darf.

Mit freundlichen Grüßen

Andrea Neumann

Anlagen

Lebenslauf

Persönliche Daten

Name: Andrea Neumann
Geburtsdatum: 8. März 1997
Geburtsort: Karlsruhe
Anschrift: Gartenstraße 3, 81234 München
Tel.: 089 1234567
E-Mail: aneumann@mail.de
Eltern: Peter Neumann, Dipl.-Ing.
Carola Neumann, geb. Schmitt,
Reiseverkehrskauffrau

Foto,
falls kein
Deckblatt
mit Foto
verwendet
wird

Schulbildung

August 2003 – Juli 2007:	Grundschule in Ottobrunn
seit September 2007:	Staatliche Realschule in Neubiberg
angestrebter Abschluss:	Realschulabschluss im Juli 2013
Lieblingsfächer:	Französisch (sehr gut), Mathematik (gut)

Besondere Kenntnisse

Sprachen:	dreiwöchiger Französisch-Sprachkurs in Paris
Computer:	Microsoft Office (Word, Excel, PowerPoint)

Praktische Erfahrung

August 2012:	vierwöchiges Praktikum im Bereich Veranstaltungsorganisation bei der Firma Müller Consult in Höhenkirchen

Hobbys

Klettern, Lesen, Tennis

München, 17. Januar 2013

Bewerbung

um eine Ausbildung
zum Mediengestalter Digital und Print

bei der

ConCept Werbeagentur
Gottfried-Semper-Str. 312
01069 Dresden

von
Sebastian Bienek
Lindenallee 6
01326 Dresden

Tel.: 0351 2345678
Mobil: 0151 2345678
sebastian.bienek@mail.de

Sebastian Bienek ▪ Lindenallee 6 ▪ 01326 Dresden
Tel.: 0351 2345678 ▪ Mobil: 0151 2345678 ▪ sebastian.bienek@mail.de

ConCept Werbeagentur
Herrn Guido Martin
Gottfried-Semper-Str. 312
01069 Dresden

18. Februar 2013

Bewerbung als Azubi zum Mediengestalter Digital und Print

Sehr geehrter Herr Martin,

Ihr Ausbildungsangebot in der Sächsischen Zeitung vom 16.02.2013 reizt mich sehr. Als kreativer Mensch suche ich nach einer Möglichkeit, meine Freude am Zeichnen, Malen und Entwerfen zum Beruf zu machen.

Derzeit besuche ich die 10. Klasse der Elbsandstein-Mittelschule in Dresden. Mein Lieblingsfach ist Kunst, aber auch in Deutsch und Englisch habe ich gute Noten.

Warum ich ausgerechnet Mediengestalter werden möchte? Weil es mir selten an Ideen fehlt. Wenn meine Eltern, Geschwister oder Freunde einen kreativen Glückwunschtext, einen Entwurf oder eine Zeichnung brauchen, kommen sie immer gerne zu mir. Deshalb kann ich mir vorstellen, dass ich mit diesen Fähigkeiten in Ihrer Werbeagentur genau richtig sein könnte.

Am PC beherrsche ich die übliche Office-Software und Bildbearbeitungsprogramme. Ich bin motiviert und sehr neugierig, bei Ihnen alles für diesen Beruf zu lernen und freue mich, wenn ich mich bei Ihnen vorstellen darf.

Mit freundlichen Grüßen

Sebastian Bienek

Anlagen

Sebastian Bienek ▪ Lindenallee 6 ▪ 01326 Dresden
Tel.: 0351 2345678 ▪ Mobil: 0151 2345678 ▪ sebastian.bienek@mail.de

LEBENSLAUF

Persönliche Daten

Name	Sebastian Bienek
Geburtsdatum	01.02.1997
Geburtsort	Leipzig
Berufsziel	Mediengestalter Digital und Print

Schulischer Werdegang

seit 07/2010	Elbsandstein-Mittelschule, Dresden
	Lieblingsfächer: Kunst, Deutsch, Englisch
	(angestrebter Abschluss: mittlerer Schulabschluss)
07/2007 – 06/2010	Humboldt-Mittelschule, Leipzig
07/2003 – 06/2007	Thomas-Grundschule, Leipzig

Aktivitäten außerhalb des Unterrichts
Schulchor
Kunst-AG

Sonstige Qualifikationen
Basiskenntnisse in Microsoft Office (Word, Excel, Internet Explorer)
Bildbearbeitungsprogramme

Hobbys
Zeichnen, Malen und Skizzieren
Musik, vor allem Deutschpop
Kino

Dresden, 18. Februar 2013

Sebastian Bienek

Clara Meier
Hauptstraße 34
10111 Berlin

Tel.: 030 12345678
Mobil: 0123 3456789
E-Mail: claram@mail.de

Hotel „Zur Sonne"
Herrn Sebastian Müller
Sonnenallee 111
10111 Berlin

18. März 2013

BEWERBUNG
um einen Ausbildungsplatz zur Hotelfachangestellten

Sehr geehrter Herr Müller,

mit großem Interesse habe ich auf der Homepage Ihres Hotels die Ausschreibung des Ausbildungsplatzes zur Hotelfachangestellten gelesen. Die darin beschriebenen Tätigkeiten und das Telefongespräch mit Ihrer Assistentin, Frau Krekel, haben mich in meinem Wunsch bestärkt, den Beruf der Hotelfachfrau in Ihrem Haus zu erlernen.

Zurzeit besuche ich die Erich-Kästner-Realschule, die ich im kommenden Juni mit dem mittleren Schulabschluss beenden werde. In der Schule bin ich in zwei verschiedenen AGs aktiv: Kochen / Hauswirtschaft und Computer / EDV. Die dort erworbenen Fähigkeiten möchte ich gerne in Ihrem Hotel einsetzen und vertiefen.

Erste berufliche Erfahrungen sammle ich durch die regelmäßige Mithilfe im Restaurant meiner Eltern. Besonderen Spaß macht mir dabei die Arbeit im Team und der Umgang mit den Gästen. In meinem zukünftigen Beruf möchte ich außerdem gerne meine Sprachkenntnisse anwenden: Ich bin mit Deutsch und Italienisch zweisprachig aufgewachsen und bin auch im Englischen in Wort und Schrift recht sicher.

Ich freue mich, wenn ich mich persönlich bei Ihnen vorstellen darf.

Mit freundlichen Grüßen

Clara Meier

Anlagen

Clara Meier
Hauptstraße 34
10111 Berlin

Tel.: 030 12345678
Mobil: 0123 3456789
E-Mail: claram@mail.de

LEBENSLAUF

Persönliche Daten

Name	Clara Meier
Geburtsdatum	18.08.1997
Geburtsort	Berlin
Staatsangehörigkeit	deutsch
Eltern	Peter Meier, Koch und Inhaber
	einer Speisegaststätte
	Maria Meier, geb. Lorenzo,
	Hotelfachfrau

Foto,
falls kein
Deckblatt
mit Foto
verwendet
wird

Schule

08/2003 – 07/2007	Astrid-Lindgren-Grundschule, Berlin
seit 09/2007	Erich-Kästner-Realschule, Berlin
	Lieblingsfächer: Deutsch, Englisch, Französisch
	mittlerer Schulabschluss (voraussichtlich 06/2013)
	AGs: Computer / EDV, Kochen / Hauswirtschaft

Praktische Erfahrung

seit Sommer 2011	regelmäßige Mithilfe im familieneigenen
	Restaurant

Sprach- und Computerkenntnisse

- Deutsch (Muttersprache)
- Italienisch (fließend, da ich zweisprachig aufgewachsen bin)
- Englisch (gut), Französisch (gut)
- Word, Excel, Internet

Hobbys

- Lesen
- Volleyball
- Mitglied in der Schultheatergruppe

Berlin, 18. März 2013

Clara Meier

Michael Walter
Goethestraße 87
66104 Saarbrücken
Tel.: 0681 765432
Mobil: 0123 456789
E-Mail: michael_walter@mail.de

Autohaus Hermann GmbH
Herrn Karl Hermann
Hohenzollernstraße 56
66102 Saarbrücken

11.02.2013

Bewerbung um einen Ausbildungsplatz als Kfz-Mechatroniker

Sehr geehrter Herr Hermann,

beim letzten Werkstattbesuch meines Vaters hatten Sie im Gespräch mit ihm erwähnt, dass Sie in diesem Jahr wieder zwei Lehrstellen anbieten. Ich wäre gerne einer Ihrer neuen Azubis: Ob Seifenkisten und Modellautos, mein Mofa oder ein altes Auto meines Bruders – schon immer bastle, repariere und baue ich Fahrzeuge und Motoren mit großer Freude.

Während der letzten Sommerferien habe ich drei Wochen beim Autohaus Kunz gearbeitet und dort erste Erfahrungen bei der professionellen Reparatur und Wartung von Autos gesammelt. Die handwerkliche Arbeit hat mir dabei genauso viel Spaß gemacht wie die Fehlersuche und -diagnose mit Laptop und Diagnosegeräten.

In der Mörike-Realschule, die ich zurzeit in der zehnten Klasse besuche und im Juni 2013 mit dem mittleren Schulabschluss beenden werde, sind meine besten Fächer Technik und Mathematik, mein Notendurchschnitt in der neunten Klasse lag bei 2,3.

Ich freue mich sehr über eine Einladung zum persönlichen Gespräch.

Mit freundlichem Gruß

Michael Walter

Anlagen: Lebenslauf, Zeugnisse, Kurzbeurteilung zu meinem Ferienjob

Lebenslauf

Michael Walter
Goethestraße 87
66104 Saarbrücken
Tel.: 0681 765432
Mobil: 0123 456789
E-Mail: michael_walter@mail.de

Persönliche Daten

Name	Michael Walter
Geburtsdatum	08.02.1997
Geburtsort	Saarbrücken
Eltern	Sandra Walter (Hausfrau)
	Robin Walter (Elektriker)
Geschwister	Marcel Walter (Radio- und Fernsehtechniker)
	Jasmin Walter (Schülerin)

Schulischer Werdegang

08/2003 – 06/2007	Erich-Kästner-Grundschule, Saarbrücken
08/2007 – 07/2008	Geschwister-Scholl-Hauptschule, Saarbrücken
seit 09/2008	Mörike-Realschule, Saarbrücken
	voraussichtlicher Abschluss: mittlerer Schulabschluss
Lieblingsfächer	Mathematik, Technik, Physik

Praktische Erfahrung

07/2012	dreiwöchiger Ferienjob in der Werkstatt des Autohauses Kunz in Saarbrücken

Außerschulische Interessen

Autos und Mofas reparieren
PC und Internet
Fußball

Saarbrücken, 11.02.2013

| Anna Kramer • Ludwigsplatz 35 • 04007 Leipzig • 0341 12345 • ankram@mail.de |

Reisebüro „Nix wie weg"
Frau Hanna Meier
Bahnhofstraße 22
04007 Leipzig

| 25. Februar 2013 |

Bewerbung um einen Ausbildungsplatz als Reiseverkehrskauffrau
Unser Gespräch bei Ihrem Tag der offenen Tür

Sehr geehrte Frau Meier,

vielen Dank für das freundliche und informative Gespräch am vergangenen Samstag. Es freut mich, dass Sie die Zukunftschancen von Reiseverkehrskaufleuten positiv einschätzen. Gerne möchte ich in Ihrem Reisebüro eine entsprechende Ausbildung absolvieren.

Wie vereinbart erhalten Sie heute meine Bewerbungsunterlagen. Im Juni werde ich an der Anne-Frank-Schule den Realschulabschluss machen und dann eine vierwöchige Sprachreise nach England unternehmen, um mein Englisch zu verbessern.

Erste Erfahrungen in diesem spannenden Beruf habe ich bei einem dreiwöchigen Praktikum im Reisebüro Müllerschön gemacht. Dort habe ich die gängigen Reisebuchungsprogramme kennengelernt, Reiseunterlagen verschickt und war bei Beratungsgesprächen dabei.

Ich bin schon immer sehr neugierig auf fremde Länder und Kulturen und habe mit meinen Eltern schon einige Reisen unternommen. Außerdem bin ich sehr kontaktfreudig, plane und organisiere ausgesprochen gerne. Seit zwei Jahren bin ich im Organisationsteam unserer Volleyball-Jugendgruppe gemeinsam mit meiner älteren Schwester für die Ausflüge und die Jahresfahrt zuständig.

Ich freue mich auf ein weiteres Gespräch mit Ihnen!

Mit freundlichen Grüßen

Anna Kramer

| **Anlagen** |

| Lebenslauf von |

Anna Kramer
Ludwigsplatz 35 • 04007 Leipzig
Telefon: 0341 12345 • E-Mail: ankram@mail.de

Foto,
falls kein
Deckblatt
mit Foto
verwendet
wird

| Geboren |
am 18. März 1997 in Altenburg

| Schule |
August 2003 bis Juli 2007: Grundschule in Altenburg
seit August 2007: Anne-Frank-Schule in Leipzig
Lieblingsfächer: Englisch, Französisch, Kunst
voraussichtlicher Abschluss im Juni 2013: Realschulabschluss

| Berufswunsch |
Reiseverkehrskauffrau

| Praktische Erfahrung |
August 2012: Praktikum im Reisebüro Müllerschön, Leipzig

| Persönliche Interessen und Hobbys |
Reisen, Lesen, Volleyball
Mitglied im Organisationsteam der Volleyball-Jugendgruppe beim SV Leipzig

Leipzig, 25. Februar 2013

Anna Kramer

Julia Schneider
Bleichstraße 24
20345 Hamburg
Telefon: 040 123456
E-Mail: jschneider@mail.com

Steuerbüro Walter, Katz & Partner GmbH
Herrn Dr. Siegfried Katz
Lerchengasse 16 a
20342 Hamburg

16.08.2013

Bewerbung um einen Ausbildungsplatz als Steuerfachangestellte

Sehr geehrter Herr Dr. Katz,

von der Tochter Ihrer Sekretärin, Frau Dräger, habe ich erfahren, dass Sie für den kommenden Herbst einen Ausbildungsplatz zur Steuerfachangestellten vergeben. Dafür interessiere ich mich sehr, da ich diesen Beruf erlernen möchte und über Ihre Kanzlei bislang viel Positives gehört habe.

Im April 2014 werde ich mein Abitur am Friedrich-Schiller-Gymnasium machen. Im Internet und beim Arbeitsamt habe ich mich bereits ausführlich über das Aufgabengebiet von Steuerfachange-stellten und über die Anforderungen dieses Berufs informiert. Beides passt sehr gut zu mir, da ich sehr gerne mit Zahlen umgehe und mit System arbeite. Mein Lieblingsfach ist Mathematik. Darin gebe ich auch Nachhilfe für die Klassenstufen fünf bis zehn.

Als Mitorganisatorin von verschiedenen Jugendfreizeiten der AWO habe ich zudem festgestellt, dass mir die Arbeit in einem Team sehr viel Spaß macht und ich schnell Kontakt zu fremden Menschen knüpfen kann.

Zum besseren Kennenlernen und um Sie von meinen Fähigkeiten zu überzeugen, bin ich gern bereit, im September an vier Nachmittagen pro Woche „auf Probe" bei Ihnen zu arbeiten. Über eine Einladung zu einem Vorstellungsgespräch freue ich mich sehr.

Bis dahin grüßt Sie freundlich

Julia Schneider

Anlagen: Lebenslauf, Zeugnisse

LEBENSLAUF

Foto,
falls kein
Deckblatt
mit Foto
verwendet
wird

PERSÖNLICHES

Name	Julia Schneider
Anschrift	Bleichstraße 24
	20345 Hamburg
Telefon	040 123456
E-Mail	jschneider@mail.com
Geburtsdatum	14. August 1996
Geburtsort	Bremerhaven
Eltern	Regina Schneider, Bürokauffrau
	Matthias Schneider, Bilanzbuchhalter

SCHULISCHES

09/2003 – 07/2007	Grundschule Tannenwald, Hamburg
seit 08/2007	Friedrich-Schiller-Gymnasium, Hamburg
voraussichtlicher	
Abschluss	Abitur (04/2014)

SONSTIGES

Computerkenntnisse	Gute Kenntnisse in Microsoft Word, Excel und Internet Explorer
Fremdsprachen	Englisch (gut)
Freizeitbeschäftigungen	Nachhilfeunterricht in Mathematik für die Klassen fünf bis zehn
	Organisation von Jugendfreizeiten (AWO)
	Lesen, Kino, Volleyball

Hamburg, 16.08.2013

Julia Schneider

Felix Müller
Amalienstraße 35
65432 Mainz
Tel.: 06131 43210
fmueller@mail.de

IT-Systems GmbH
Herrn Dr. Ulf Bender
Marienstraße 118–120
65432 Mainz

Mainz, 15.02.2013

Bewerbung als IT-Systemelektroniker
Ausschreibung auf Ihrer Homepage

Sehr geehrter Herr Dr. Bender,

die Lehrstellenausschreibung auf Ihrer Firmen-Homepage hat mich begeistert. In Ihrem international ausgerichteten Unternehmen eine Ausbildung zum IT-Systemelektroniker zu absolvieren, reizt mich sehr.

Zurzeit besuche ich das Kurfürst-Gymnasium hier in Mainz, das ich im Juni mit dem Abitur abschließen werde. Meine Freizeit verbringe ich schon seit einigen Jahren gerne am Computer und im Internet. Für meinen Vater habe ich bereits ein kleineres Kalkulationsprogramm für die Angebotserstellung geschrieben. Außerdem bin ich einer der Systemadministratoren unserer Schulhomepage (www.kurfuerstgymnasium-mainz.de). Auf fachlichem Gebiet konnte ich bereits viel von meinem Bruder lernen, der als Systemadministrator arbeitet.

Im Sommer letzten Jahres habe ich ein dreiwöchiges Praktikum bei der Firma Müller & Schöne EDV in Wiesbaden gemacht. Dabei gehörte die Installation von neuer Software ebenso zu meinen Aufgaben wie das Programmieren von kleineren Datenbank-Anwendungen.

In meiner Freizeit helfe ich gerne Freunden dabei, ihre Computerprobleme zu beheben. Da ich regelmäßig die Fachpresse verfolge, kenne ich auch die neuesten Entwicklungen im Bereich Hard- und Software.

Gerne komme ich persönlich bei Ihnen vorbei, um mich vorzustellen. Ich freue mich auf Ihre Antwort!

Mit freundlichen Grüßen

Felix Müller

Anlagen

Lebenslauf

Persönliche Daten

Name	Felix Müller
Geburtsdatum	24. August 1994
Geburtsort	Frankfurt
Anschrift	Amalienstraße 35
	65432 Mainz
	Tel.: 06131 43210
	fmueller@mail.de

Foto,
falls kein
Deckblatt
mit Foto
verwendet
wird

Schulbildung

Schweitzer-Grundschule	09/2001 – 07/2005
Kurfürst-Gymnasium	seit 08/2005
Abschluss	06/2013, Abitur (voraussichtlich)

Interessen und Kenntnisse

Praktikum	08/2012, Firma Müller & Schöne EDV in Wiesbaden
EDV	MS-Office, Windows-Betriebssystem
FSK	B (Pkw)
Hobbys	Computer und andere technische Geräte
	auf- und umrüsten, Fußball, Schach

Berufswunsch

IT-Systemelektroniker

Mainz, 15.02.2013

Felix Müller

Julia Reischert • Bergstr. 12 • 35521 Wetzlar
Telefon: 06441 1234321 • E-Mail: j.reischert@mail.de

Praxis Dr. Jens Voigt
Facharzt für Allgemeinmedizin
Lerchenstr. 237
35525 Wetzlar

Wetzlar, 25. Februar 2013

Bewerbung um eine Ausbildung als medizinische Fachangestellte

Sehr geehrter Herr Dr. Voigt,

es hat mir viel Spaß gemacht, im vorigen Sommer während eines Schnupperpraktikums in Ihrer Praxis mitzuarbeiten. Seit dieser Zeit bin ich mir sicher, dass medizinische Fachangestellte der richtige Beruf für mich ist. Gerne möchte ich die Lehrstelle antreten, die Sie im Wetzlarer Tageblatt ausgeschrieben haben.

Momentan besuche ich die 10. Klasse der Geschwister-Scholl-Schule und werde im Juli meinen mittleren Schulabschluss machen. Für medizinische Zusammenhänge interessiere ich mich sehr, Biologie ist mein Lieblingsfach. Ich bin Mitglied beim Roten Kreuz und habe dort schon einen Erste-Hilfe-Grundlehrgang absolviert.

Darüber hinaus gehört das Organisieren zu meinen Stärken. So bin ich in unserer Klasse regelmäßig im Organisationsteam für Ausflüge und Klassenfeste.

In Ihrer Praxis gefällt mir besonders der freundliche Umgangston und die Fachkompetenz, mit der Sie und Ihre Mitarbeiterinnen zusammenarbeiten. Ihre Patienten fühlen sich dort sichtlich wohl. Auch deshalb möchte ich meine Ausbildung gerne bei Ihnen machen. Ich freue mich, wenn Sie mich zu einem Gespräch einladen.

Mit freundlichen Grüßen

Julia Reischert

Anlagen

Julia Reischert • Bergstr. 12 • 35521 Wetzlar
Telefon: 06441 1234321 • E-Mail: j.reischert@mail.de

LEBENSLAUF

Persönliche Daten:

Name:	Julia Reischert
Geburtsdatum:	31. Oktober 1997
Geburtsort:	Fulda

Foto,
falls kein
Deckblatt
mit Foto
verwendet
wird

Schulische Ausbildung:

08/2004 – 06/2007:	Rosenbaum-Grundschule, Wetzlar
seit 08/2007:	Geschwister-Scholl-Schule, Wetzlar
07/2013:	mittlerer Schulabschluss (voraussichtlich)
Lieblingsfach:	Biologie

Praktikum:

07/2012:	Schnupperpraktikum, Praxis Dr. Jens Voigt, Wetzlar

Sonstiges:

Hobbys:	Gitarrespielen, Basteln
Aktivitäten:	Mitgliedschaft im Deutschen Roten Kreuz, Ortsgruppe Wetzlar
	Engagement in der katholischen Jugendgruppe St. Johann

Kenntnisse und Fähigkeiten:

Erste Hilfe (Grundlehrgang des Deutschen Roten Kreuzes)
Microsoft Office: Grundkenntnisse in Word und Excel

Wetzlar, 25. Februar 2013

Julia Reischert

Patrick Stolz
Uferkiesweg 33
60433 Frankfurt

Tel.: 069 987654
Mobil: 0171 99887766
E-Mail: p.stolz@mail.de

Rhodenfeld Chemie GmbH
Herrn Martin Lauber
Industriestr. 6
60549 Frankfurt

28.11.2013

Bewerbung um eine Lehrstelle als Werkfeuerwehrmann

Sehr geehrter Herr Lauber,

vielen Dank für die ausführlichen Auskünfte auf der Ausbildungsmesse Frankfurt. Es ist Ihnen gelungen, mich für das Berufsziel Werkfeuerwehrmann restlos zu begeistern. Gerne bewerbe ich mich daher auf einen der Ausbildungsplätze in Ihrem Unternehmen.

Ich besuche aktuell die 10. Klasse der Rhön-Realschule und werde dort im Sommer meinen Abschluss machen. Meine Interessen liegen vorwiegend im naturwissenschaftlich-technischen Bereich. Chemie und Physik sind meine Lieblingsfächer.

Seit knapp zwei Jahren bin ich aktiv bei der THW-Jugend in Eschersheim. Mit körperlichen Belastungen komme ich gut zurecht. Dass ich überdies stressresistent, zuverlässig und verant-wortungsbewusst bin, wird Ihnen der Einsatzleiter Wolfram Franck (Tel.: 069 55443322) sicher bestätigen.

Konnte ich Sie von meiner Eignung überzeugen? Ich freue mich, wenn Sie mich in die engere Wahl ziehen und zu einem weiteren Gespräch einladen.

Mit freundlichen Grüßen

Patrick Stolz

Anlagen

Patrick Stolz
Uferkiesweg 33
60433 Frankfurt

Tel.: 069 987654
Mobil: 0171 99887766
E-Mail: p.stolz@mail.de

LEBENSLAUF

Persönliche Daten

Name:	Patrick Stolz
Geburtsdatum:	04.05.1998
Eltern:	Elisabeth Wagner-Stolz, Sekretärin
	Clemens Stolz, Bauingenieur
Geschwister:	Jana (12) und Julian (14)

Foto,
falls kein
Deckblatt
mit Foto
verwendet
wird

Schulischer Werdegang

07/2004 – 06/2008:	Grundschule Eschersheim
seit 08/2008:	Rhön-Realschule, Frankfurt
07/2014:	Realschulabschluss (angestrebter Abschluss)

Lieblingsfächer und AGs

Lieblingsfächer:	Chemie, Physik
Besuchte AGs:	Technik AG, Computer AG

Praktische Erfahrungen

Schülerpraktikum:	Kfz-Werkstatt Höwe, Darmstadt,
	zwei Wochen im Sommer 2013
Technisches Hilfswerk:	Mitgliedschaft seit Januar 2012, aktiv in
	der THW-Jugend Eschersheim

Hobbys

Sport (Fußball, Basketball, Tischtennis)
Gärtnern

Kenntnisse und Fertigkeiten

Computerkenntnisse:	Microsoft Office (Grundkenntnisse)

Frankfurt, 28.11.2013

Patrick Stolz

Marie Hoffmann, Zähringer Eck 3, 79098 Freiburg
Telefon: 0761 1223334, Handy: 0151 51413121

TeleDialog GmbH & Co. KG
Frau Diana Schultze
Tiengener Landstraße 39
79114 Freiburg

6. März 2013

Bewerbung um eine Ausbildung bei Ihnen

Sehr geehrte Frau Schultze,

Ihre Adresse habe ich von der IHK Südlicher Oberrhein bekommen. Mir wurde gesagt, Sie seien verantwortlich für die Personalauswahl in Ihrem Callcenter. Deshalb wende ich mich heute an Sie mit der Frage, ob Sie eine Ausbildungsstelle zur Kauffrau im Dialogmarketing anbieten. Falls ja – ich bin eine interessierte Kandidatin!

Ich gehe aktuell in die Klasse 10 der Schwarzwald-Realschule. Im Sommer lege ich die Prüfungen zum mittleren Schulabschluss ab. Meine Lieblingsfächer sind Deutsch und Englisch. Bei der Überlegung, was ich beruflich machen möchte, war schnell klar: Ich möchte mit Menschen zu tun haben und ich möchte die Kommunikation in den Mittelpunkt meiner Tätigkeit stellen. So bin ich auf das Berufsziel Kauffrau für Dialogmarketing gekommen.

Ich kann Konflikte schlichten, aufgebrachte Gemüter besänftigen, meine Position überzeugend vertreten und dabei ebenso gut zuhören, was andere sagen.

Wenn Ihnen diese Eigenschaften wichtig sind, freue ich mich auf die Gelegenheit, mich bei Ihnen vorzustellen. Ich freue mich auf Ihre Antwort.

Freundliche Grüße

Marie Hoffmann

Anlagen

Marie Hoffmann, Zähringer Eck 3, 79098 Freiburg
Telefon: 0761 1223334, Handy: 0151 51413121

LEBENSLAUF

Foto,
falls kein
Deckblatt
mit Foto
verwendet
wird

Persönliche Daten

Name	Marie Hoffmann
Geburtsdatum	10.07.1997
Eltern	Sibylle Hoffmann, geb. Brand, Hausfrau
	Bernd Hoffmann, Heizungsbaumeister

Schulischer Werdegang

08/2003 – 07/2007	Schauinsland-Grundschule, St. Georgen
seit 08/2007	Schwarzwald-Realschule, Freiburg
07/2013	mittlerer Schulabschluss (voraussichtlich)
Lieblingsfächer	Deutsch, Englisch

Praktische Erfahrungen

08/2012	zweiwöchiges Praktikum beim Modehaus Berger (Verkauf und Kundenberatung)
07/2011 und 08/2012	Ferienjob beim Finanzamt Freiburg-Land (Telefonzentrale)

Kenntnisse und Fertigkeiten

Computerkenntnisse	Microsoft Office (Word, Excel, Outlook)
Sprachkenntnisse	Englisch (gut), Französisch (Grundkenntnisse)

Hobbys

Jazzdance
mich mit Freundinnen treffen

Freiburg, 6. März 2013

Marie Hoffmann

Dominik Mosbach ● Gerbergasse 6 ● 86899 Landsberg
Telefon: 08191 1234567 ● Mobil: 0173 12131415

Sport- und Wellnesshotel Seegruber
Frau Cornelia Seegruber
Bergbachstraße 2
82467 Garmisch-Partenkirchen

8. März 2013

Bewerbung um eine Lehrstelle als Sport- und Fitnesskaufmann

Sehr geehrte Frau Seegruber,

in der „Süddeutschen Zeitung" habe ich vor Kurzem ein Unternehmensporträt über Ihr Hotel gelesen, das mir sehr gut gefallen hat. Gerne möchte ich meine Ausbildung zum Sport- und Fitnesskaufmann in Ihrem Hause absolvieren.

Ich gehe derzeit noch aufs Gymnasium und mache im Frühsommer mein Abitur. Was ich mitbringe: viel Freude an Sport und Bewegung. Ich fahre gerne Ski und bin leidenschaftlicher Schwimmer und Volleyballspieler. Daneben leite ich in unserem örtlichen Sportverein das Training für die Fußball-A-Jugend.

Zudem bin ich ein guter Organisator. Trainingspläne für meine „Jungs" auszuarbeiten, macht mir Spaß. Wenn sie nach einem gewonnenen Spiel strahlend, aber völlig erschöpft vor mir stehen, bin ich richtig stolz! Gerne möchte ich auch beruflich bei Menschen die Freude am Sport und an der Bewegung wecken, Trainingskonzepte ausarbeiten und Werbestrategien für Ihr Sportangebot entwickeln.

Können Sie sich vorstellen, mich als Azubi einzustellen? Über eine Einladung zum Vorstellungsgespräch freue ich mich sehr.

Mit freundlichen Grüßen

Dominik Mosbach

Anlagen

Dominik Mosbach ● Gerbergasse 6 ● 86899 Landsberg
Telefon: 08191 1234567 ● Mobil: 0173 12131415

LEBENSLAUF

Foto,
falls kein
Deckblatt
mit Foto
verwendet
wird

Persönliche Daten

Name ● Dominik Mosbach
Geburtsdatum ● 11.04.1996
Geburtsort ● Augsburg

Schulischer Werdegang

09/2002 – 07/2006 ● Fugger-Grundschule, Augsburg
08/2006 – 08/2011 ● Albert-Schweitzer-Gymnasium, Füssen
seit 09/2011 ● Lech-Gymnasium, Landsberg
(angestrebter Abschluss: Abitur)
Lieblingsfächer ● Sport, Englisch

Vereine und Aktivitäten

Sportverein Landsberg ● Trainer der Fußball-A-Jugend
Spieler in der Volleyballmannschaft
(Herren I)
verantwortlich für die Ausarbeitung des
Hallenbelegungsplans

Kenntnisse und Fertigkeiten

Computerkenntnisse ● Kenntnisse in Microsoft Office
(Word, Excel)
Sprachkenntnisse ● Englisch (sehr gut), Französisch (gut),
Italienisch (Grundkenntnisse)

Hobbys

Sport (Fußball, Schwimmen, Volleyball, Skifahren)
Hip-Hop (Ich bin Sänger in einer Hip-Hop-Band.)

Landsberg, 8. März 2013

Dominik Mosbach

Leon Meier | Lessingstr. 51 | 13581 Berlin
Tel.: 030 7654321 | Mobil: 0176 77665544

Schlosshotel Lilienkron
Herrn Arthur Belzer
Brandenburger Hof 19
12435 Berlin

13.03.2013

Darf ich bei Ihnen eine Ausbildung zum Koch machen?

Sehr geehrter Herr Belzer,

nachdem meine Großeltern kürzlich bei Ihnen im Schlosshotel Lilienkron zu Gast waren, sagten sie begeistert zu mir: „Wenn du Koch werden möchtest, dann bewirb dich doch dort!" Koch will ich tatsächlich werden, und so sende ich Ihnen heute meine Initiativbewerbung.

Ich bin Schüler an der Realschule Berlin-Spandau und werde in diesem Jahr meine Prüfungen zum mittleren Schulabschluss ablegen. Meine Neigungen liegen im praktisch-kreativen Bereich.

Ich koche ausgesprochen gerne. Vielleicht liegt das in den Genen, denn schon mein Urgroßvater hatte einen Gasthof und stand angeblich selbst gerne hinter dem Herd. Ich glaube aber eher, meine Begeisterung fürs Kochen kommt von meiner Mutter, der ich schon als kleiner Junge in der Küche helfen durfte. Es reizt mich sehr, in einem so renommierten Hotel wie Ihrem die hohe Kunst des Kochens zu erlernen. Aber bei aller Liebe zu Feinschmeckermenüs und Vier-Sterne-Restaurants weiß ich, dass Zwiebelschneiden und Geschirrspülen ebenso zum Berufsbild des Kochs gehören. Über eine Einladung zum persönlichen Gespräch freue ich mich sehr.

Freundliche Grüße

Leon Meier

Anlagen

Leon Meier | Lessingstr. 51 | 13581 Berlin
Tel.: 030 7654321 | Mobil: 0176 77665544

<table>
<tr><td>Foto,
falls kein
Deckblatt
mit Foto
verwendet
wird</td></tr>
</table>

⦿ Persönliche Daten

Name: Leon Meier
Geburtsdatum: 21.05.1997
Geburtsort: Berlin

⦿ Schulbildung

08/2003 – 07/2007:   Friedrichs-Grundschule, Berlin
seit 08/2007:   Realschule Berlin-Spandau
                      (mittlerer Schulabschluss, Sommer 2013)

⦿ Hobbys und Aktivitäten

Sportverein Treptow: Mitglied im Volleyball-Team
Bundesliga: Ich verfolge mit Leidenschaft die aktuellen Spiele.
Gärtnern: Auf meine Tomaten- und Kräuterzucht bin ich richtig stolz!
Bloggen: In meinem persönlichen Internet-Tagebuch geht's
                      häufiger mal auch um das Thema Kochen.

⦿ Fähigkeiten und Kenntnisse

Kochen
PC-Kenntnisse

Berlin, 13.03.2013

Leon Meier

I Katharina Linke I Bahnhofstr. 66 I 24901 Flensburg I
I Telefon: 0461 12345 I Mobil: 0175 1234567 I

Sanitär & Heizungsbau Jensen
Herrn Konrad Jensen
Bernsteinstr. 11
24901 Flensburg

20. 03. 2013

Ihr Lehrstellenangebot im Flensburger Tageblatt vom 16.03.2013

Sehr geehrter Herr Jensen,

Ihr Lehrstellenangebot interessiert mich sehr. Gerne möchte ich in Ihrem Betrieb eine
Ausbildung zur Anlagenmechanikerin Sanitär-, Heizungs- und Klimatechnik machen.

Im Sommer werde ich meine Schulzeit mit dem mittleren Schulabschluss beenden. Die
notwendige Begeisterung und technische Begabung für diesen Beruf bringe ich auf
jeden Fall mit. Das hat sich in meinem Praktikum bei Elektro Marks in Flensburg gezeigt.
Außerdem schraube und bastle ich in meiner Freizeit gerne an den verschiedensten
technischen Geräten herum.

Über Ihren Betrieb habe ich im Internet gelesen, dass Sie auf Kontaktfreudigkeit und
gute Umgangsformen besonderen Wert legen und dass das bei Ihren Kunden gut
ankommt. Ich bin ein sehr aufgeschlossener und kontaktfreudiger Mensch, der mit vielen
Leuten leicht ins Gespräch kommt. Da meine Mutter Dänin ist, spreche ich außerdem
ganz gut Dänisch.

Habe ich Ihr Interesse geweckt? Dann freue ich mich über die Gelegenheit, mich persönlich bei Ihnen vorzustellen!

Mit freundlichen Grüßen

Katharina Linke

Anlagen
Zeugnisse, Praktikumsbewertung

▮ Katharina Linke ▮ Bahnhofstr. 66 ▮ 24901 Flensburg ▮
▮ Telefon: 0461 12345 ▮ Mobil: 0175 1234567 ▮

Foto,
falls kein
Deckblatt
mit Foto
verwendet
wird

LEBENSLAUF

▮ Persönliche Daten ▮

Name:	Katharina Linke
Geburtsdatum:	02.01.1997
Geburtsort:	Husum
Eltern:	Mathilde Sörensen-Linke (Sekretärin)
	Theodor Linke (Bauingenieur)

▮ Schule ▮

07/2003 – 06/2007:	Theodor-Storm-Grundschule, Husum
seit 07/2007:	Dänemark-Realschule, Flensburg
	Lieblingsfächer: Technik, Physik
	(geplanter Abschluss: mittlerer Schulabschluss)
AGs:	Foto-AG

▮ Praktische Erfahrungen ▮

07/2012:	3-wöchiges Praktikum bei Elektro Marks GmbH

▮ Kenntnisse und Fertigkeiten ▮

Computerkenntnisse:	Internet (gut)
	Excel (sehr gut)
	Word (Grundkenntnisse)
Sprachkenntnisse:	Englisch (befriedigend)
	Französisch (befriedigend)
	Dänisch (gut)

▮ Hobbys ▮

Kitesurfen
Schwimmen
Fotografieren

Flensburg, 20.03.2013

Katharina Linke

6 Die elektronische Bewerbung

Immer üblicher: elektronische Bewerbungen

Computer, Internet und E-Mail vereinfachen vieles, auch ein Bewerbungsverfahren. Aber kann eine „E-Bewerbung" wirklich ein angemessener Ersatz für eine auf dem Postweg versendete Bewerbungsmappe sein? Oder ist sie bei der Suche nach einem Ausbildungsplatz grundsätzlich nicht zu empfehlen? In diesem Kapitel erfahren Sie,

- wann es sich lohnt, sich auf elektronischem Wege zu bewerben, und
- was Sie dabei beachten müssen.

6.1 Online-Bewerbung – ja oder nein?

Schneller Versand

Eigentlich klingt es fantastisch: Sie gestalten Ihre Bewerbung am Computer, klicken auf „Senden", um sie abzuschicken – und schon ist sie beim Empfänger. Sie müssen die Mappe weder per Post schicken noch sie persönlich abgeben – und sparen auf

Geringere Kosten

diese Weise Zeit. Außerdem sparen Sie Geld. Sie brauchen weder Umschläge noch Bewerbungsmappen und müssen auch nicht ständig neue Fotoabzüge bestellen oder ausdrucken.

Das lästige und teure Ausdrucken der Anschreiben und Lebensläufe entfällt ebenfalls. Kopien Ihrer Zeugnisse sind nicht notwendig, wenn diese erst einmal eingescannt sind. Und schließlich sparen Sie sogar das Porto, denn der E-Mail-Versand ist – von den Verbindungskosten einmal abgesehen – kostenlos.

Eine Online-Bewerbung bietet also viele Vorteile. Doch eine ganze Reihe von Gründen spricht auch gegen diese Art der Bewerbung:

Sie wissen nicht, ob Ihre Bewerbung gelesen wird. Für manche Ausbildungsbetriebe ist die Nutzung von E-Mails nicht selbstverständlich. Zwar mögen die meisten Firmenchefs und Personalverantwortlichen einen Internetanschluss haben und eine E-Mail-Adresse nutzen. Fraglich ist aber, ob sie genauso regelmäßig in ihr E-Mail-Postfach schauen wie in den echten Briefkasten. Viele Mittelständler und Handwerksmeister, vor allem der älteren Generation, prüfen ihr E-Mail-Postfach nur gelegentlich. Im ungünstigsten Fall bleibt Ihre elektronische Bewerbung einfach unbeachtet.

Der Trend geht zur Online-Bewerbung. Aber es gibt auch Nachteile.

E-Mails zu löschen ist einfach. Ein Empfänger kann Ihre E-Mail-Bewerbung schnell wegklicken, wenn sie ihn nicht interessiert. Viele Menschen haben dabei weniger Hemmungen als bei traditionellen Bewerbungsmappen, die mit der Post kommen. Letztere fordern regelrecht zu einer Reaktion auf. Dem Empfänger dürfte klar sein, dass ein Bewerber oder eine Bewerberin mit den Kosten für die Bewerbungsmappe, die Kopien, das Foto usw. in Vorleistung gegangen ist und folglich eine Reaktion erwarten darf. Eine unaufgefordert per E-Mail versendete Bewerbung wirkt weniger verbindlich.

Eine postalische Bewerbung wirkt verbindlicher.

Die Technik hat manchmal ihre Tücken. Es kommt durchaus vor, dass eine E-Mail-Bewerbung durch einen Spamfilter abgefangen wird und gar nicht im elektronischen Postfach des Empfängers landet. Besonders groß ist die Gefahr, wenn Sie über einen Freemail-Anbieter versenden. Eine Postsendung geht dagegen seltener verloren.

Postsendungen kommen in der Regel an.

E-Mails verleiten zur Schludrigkeit. Tatsächlich bestätigt die Mehrzahl der Personalverantwortlichen, dass Online-Bewerbungen nicht das Niveau von Bewerbungen erreichen, die per Post versendet werden. Aber das haben Sie zum Glück selbst in der Hand.

Gute Qualität ist auch bei elektronischen Bewerbungen wichtig.

Wenn eine Online-Bewerbung ausdrücklich erwünscht ist, ist sie auch angebracht.

Dennoch: In manchen Fällen ist eine elektronische Bewerbung durchaus angebracht. Auf welchem Wege Sie sich bewerben, sollten Sie aber vom Empfänger abhängig machen:

- Steht im Stellenangebot ausdrücklich „Bewerbung per E-Mail erwünscht", dann halten Sie sich an diesen Weg.
- Steht im Stellenangebot etwa: „Ihre Bewerbung schicken Sie – gerne auch per E-Mail – an ...", haben Sie die Wahl, ob Sie eine E-Mail oder eine postalische Bewerbung verschicken.
- Wenn im Stellenangebot nichts anderes erwähnt ist, empfiehlt sich eine traditionelle Bewerbungsmappe.

Im Zweifelsfall anrufen und fragen, auf welchem Weg Ihre Bewerbung gewünscht wird

Knifflig sind Fälle, in denen im Stellenangebot eine E-Mail-Adresse angegeben ist. Handelt es sich dabei um eine allgemeine Adresse – z. B. kontakt@musterbetrieb.de oder info@musterbetrieb.de – sollten Sie im Unternehmen anrufen und klären, auf welchem Weg Ihre Bewerbung gewünscht wird, und nach einer persönlichen E-Mail-Adresse fragen. Ist aber ein Ansprechpartner genannt und seine persönliche E-Mail-Adresse aufgeführt, ist eine elektronische Bewerbung auf jeden Fall erwünscht.

*Profi*TIPP

Es kommt immer auf den Betrieb an

Die Entscheidung über den richtigen Bewerbungsweg sollten Sie auch ein wenig von der Art des Ausbildungsbetriebs abhängig machen. Bei Handwerksbetrieben, kleineren Dienstleistern, mittelständischen Industriebetrieben und Behörden sind eher postalische Bewerbungen angebracht. Bei großen Industriebetrieben, Banken und Versicherungen dagegen kommen E-Mail-Bewerbungen durchaus als Alternative in Betracht.

Neben E-Mail-Bewerbungen gibt es auch noch andere Formen der elektronischen Bewerbung:

→ S. 123 ff.
→ S. 125

- Bewerbungsformulare, die die Unternehmen online stellen,
- eine Bewerbungshomepage, die Sie selbst erstellen, um potenzielle Ausbildungsbetriebe auf sich aufmerksam zu machen,

→ S. 126

- eine Bewerbungs-CD oder ein -Speicherstick, die per Post versendet werden.

---

*Profi***TIPP**

Lesbarkeit

Gestalten und formulieren Sie elektronische Bewerbungen genauso sorgfältig wie Bewerbungen per Post. Nutzen Sie aber serifenlose Schriftarten. „Serifen" sind kleine Verstärkungen an den Enden der einzelnen Buchstabenstriche, die aussehen wie Füßchen. Beispielsweise die Standardschrift „Times New Roman" zeichnet sich durch Serifen aus. Auf Papier sorgen diese Füßchen durch eine optische Verbindung der Buchstaben für bessere Lesbarkeit. Nicht so am Bildschirm: Da sind Schriftarten ohne Serifen wie etwa „Arial" oder „Helvetica" leichter zu lesen.

6.2 Die E-Mail-Bewerbung

Eine E-Mail-Bewerbung kann genauso erfolgreich sein wie eine Bewerbung, die Sie per Post senden – vorausgesetzt, der Empfänger ist mit diesem Bewerbungsweg einverstanden. Wichtig ist allerdings, dass Sie Ihre E-Mail-Bewerbung mit der gleichen Sorgfalt erstellen wie eine traditionelle Bewerbungsmappe.

Sorgfältige Erstellung ist erwünscht.

Aufgepasst: E-Mails verführen zum Massenversand. Genau das ist aber der falsche Weg. Bewerbungen gleichen Inhalts, die Sie zu Dutzenden an verschiedene Empfänger mailen, bringen Sie nicht ans Ziel. Auch bei der E-Mail-Bewerbung gilt daher: Je besser das Anschreiben zum Empfänger und zum genannten Berufsziel passt, desto größer sind Ihre Aussichten auf Erfolg. Im Prinzip gehen Sie ähnlich vor wie bei der Erstellung einer postalischen Bewerbung:

Massenversand funktioniert nicht.

- Sie formulieren sorgfältig ein Anschreiben und formatieren es wie einen richtigen Brief.

→ S. 73 ff.

- Sie erstellen Ihren Lebenslauf, wobei Sie die Gewichtung einzelner Stationen oder Qualifikationen je nach Empfänger und angestrebtem Beruf durchaus variieren dürfen.

→ S. 79 ff.

- Statt Kopien Ihrer Schul- und Praktikumszeugnisse und der sonstigen Nachweise zu machen, scannen Sie diese ein.

Hängen Sie all diese Dokumente jedoch auf keinen Fall einzeln an Ihre Bewerbungs-E-Mail an. Der Empfänger müsste dann jede einzelne Datei im Anhang öffnen und abspeichern. Das kostet viel Zeit und Mühe.

Mit fünf bis zehn verschiedenen Dateien im Anhang ist der Empfänger überfordert.

Je nach Art des Anhangs besteht außerdem die Gefahr, dass er sie mit seiner Software gar nicht öffnen kann. Das spricht beispielsweise gegen Dateien im TIF-, JPG- oder PPT-Format. Für Bewerbungen sind solche Datei-Formate ungeeignet. Sie können nicht zwangsläufig davon ausgehen, dass Dateiformate, die Sie auf Ihrem Rechner mit der vorhandenen Software standardmäßig lesen können, sich auch auf anderen Computern problemlos öffnen lassen. Hier gibt es oft große Unterschiede. Sie können nicht einmal davon ausgehen, dass der Empfänger Ihrer Bewerbung die gängigen Microsoft-Office-Programme verwendet.

*Profi*TIPP

PDF-Dateien
Erstellen Sie aus allen Dokumenten eine einzige Datei, und zwar im PDF-Format. Dieses Format kann fast jeder öffnen. Außerdem kann eine PDF-Datei im Nachhinein nicht einfach verändert werden – schon gar nicht aus Versehen. Bei einem Word-Dokument kann das leicht passieren, es sei denn, Sie haben den Schreibschutz aktiviert. Im Internet gibt es viele kostenfreie Programme, mit denen Sie PDFs erstellen können, zum Herunterladen. Sie finden Sie, indem Sie z. B. „PDF erstellen" oder „create PDF" in eine Suchmaschine eingeben.

Das Anschreiben gehört in den Anhang

Tippen Sie das Anschreiben nicht ins E-Mail-Textfeld, sondern erstellen Sie ein formales Anschreiben, das Sie – zusammen mit den anderen Dokumenten – in die angehängte PDF-Datei packen. Das hat mehrere Vorteile:

- Die Formatierung bleibt erhalten, das Anschreiben wirkt wie ein richtiger Brief.
- Es entstehen keine ungewollten Zeilenumbrüche, die das Lesen erschweren. Die Absätze bleiben da, wo Sie sie eingefügt haben.
- Die Bewerbung ist für den Empfänger genauso leicht zu handhaben wie eine postalische Bewerbung. Wenn ein Ausbildungsbetrieb postalische und elektronische Bewerbungen erhält, wird er Letztere oft ausdrucken wollen, um alle Bewerbungen miteinander vergleichen zu können. Bei E-Mail-Bewerbungen, deren Anschreiben im Textfeld untergebracht ist, erfordert das einen zusätzlichen Druckvorgang.

- Eine ausgedruckte E-Mail sieht meistens nicht so gut aus wie ein sorgfältig formatierter Brief.
- Die Bewerbung lässt sich als Ganzes auf der Festplatte abspeichern. Ein Empfänger, der dagegen nur die PDF-Datei abspeichert und die zugehörige E-Mail löscht, löscht womöglich versehentlich das Anschreiben.

In das Textfeld der E-Mail schreiben Sie nur einen kurzen Text, mit dem Sie die Bewerbung ankündigen. → S. 122

Der Empfänger
Gehen Sie bei jeder einzelnen E-Mail-Bewerbung individuell auf den Empfänger ein. Die gleiche Bewerbung massenhaft zu versenden, ist wenig erfolgversprechend.

E-Mail nicht an mehrere Empfänger auf einmal schicken

Sollten Sie aber doch einmal – beispielsweise, um nach dem Stand Ihrer Bewerbung zu fragen – gleichzeitig mehrere Empfänger anmailen, geben Sie deren Adressen nicht einfach in die Felder „An" oder „Cc" ein. Denn dann ist jeder Empfänger für alle anderen sichtbar. Richtig ist hier vielmehr das Feld „Bcc". Die Abkürzung steht für „Blind Carbon Copy", was Blindkopie bedeutet.

Schalten Sie die automatische Empfangsbestätigung aus. Wer konzentriert am Rechner arbeiten möchte, fühlt sich gestört, wenn er jede eingehende E-Mail bestätigen muss. Nicht alle Mailprogramme versenden solche Empfangsbestätigungen automatisch, manche verlangen eine manuelle Eingabe durch den Empfänger.

Die Betreffzeile
Bei einer postalischen Bewerbung sieht jeder auf den ersten Blick, worum es sich handelt. Bei einer E-Mail nicht. Deshalb sollte das Wort „Bewerbung" möglichst im E-Mail-Betreff auftauchen. Anschließend folgt die Information, auf welche Stelle Sie sich bewerben. Wichtig: Der Betreff muss kurz und prägnant sein, weil die gängigen Mailprogramme längere Betreffzeilen nicht vollständig anzeigen. Anders als im Anschreiben beschränken Sie sich hier in jedem Fall auf eine Zeile:

Vermeiden Sie kreative, aber aussagelose Betreffzeilen.

Bewerbung für eine Ausbildung zur Bauzeichnerin
Bewerbung auf Ihre Lehrstelle als Industriekaufmann
Bewerbung: Ich möchte gerne bei Ihnen den Beruf als Köchin erlernen
Bewerbung: Ihr Ausbildungsangebot zum Immobilienkaufmann

Der einleitende E-Mail-Text

Ermuntern Sie den Empfänger zu einer Reaktion.

Da Sie ein ausführliches Anschreiben im PDF-Dokument beigefügt haben, genügt es, im Textfeld der E-Mail nur kurz auf die angehängte Bewerbung hinzuweisen.

> ... an Ihrem Stellenangebot habe ich großes Interesse. In der angehängten Datei finden Sie meine Bewerbung. Ich freue mich auf Ihre Rückmeldung!

> ... bei der IHK habe ich erfahren, dass Sie in den vergangenen Jahren Lehrlinge ausgebildet haben. Stellen Sie auch im nächsten Lehrjahr wieder einen Azubi ein? In der angehängten Datei habe ich für Sie meine Bewerbung zusammengestellt. Ich freue mich darauf, von Ihnen zu hören.

FLOP 5

No-Gos bei der E-Mail-Bewerbung

❶ **Verzicht auf die Anrede:** Zwar ist die elektronische Korrespondenz meist weniger förmlich als ein Brief. In eine Bewerbungs-E-Mail gehören aber alle Elemente, die auch in einem Brief selbstverständlich sind. Eine namentliche Anrede des Empfängers gehört dazu.

❷ **Abkürzungen:** IMHO (in my humble opinion = meiner bescheidenen Meinung nach), CU (see you = bis dann), LG (Liebe Grüße) oder MfG (Mit freundlichen Grüßen) mögen bei privaten SMS, E-Mails oder beim Chatten akzeptabel sein, bei Bewerbungs-E-Mails sind sie es auf keinen Fall.

❸ **Durchgängige Kleinschreibung:** Viele Menschen verzichten bei E-Mail-Texten auf Großbuchstaben, auch am Satzanfang und bei Hauptwörtern. Bei einer Bewerbung sollten Sie sich diese Nachlässigkeit nicht leisten. Sie führt in der Regel zu einer Absage.

❹ **Verzicht auf die Grußformel:** Hier gilt dasselbe wie für die Anrede. Auch der Gruß darf in einer E-Mail nicht fehlen.

❺ **Keine Signatur:** Ihre vollständigen Kontaktdaten gehören nicht nur in das angehängte Bewerbungsdokument, sondern als elektronische Signatur auch an den Schluss des E-Mail-Textes.

6.3 Die Bewerbung per Online-Formular

Einige größere Unternehmen und manche Behörden stellen Bewerbungsformulare ins Internet. Als Interessentin oder Interessent für einen Ausbildungsplatz müssen Sie dann die einzelnen Felder ausfüllen und Ihre Nachweise hochladen.

Wenn ein Unternehmen diesen Bewerbungsweg vorgibt, haben Sie dazu keine Alternative. Es wäre sinnlos anzurufen und zu fragen, ob Sie nicht doch eine Bewerbungsmappe schicken dürfen. Solche Unternehmen haben oft viel Geld in die Eingabemaske für Bewerbungen und in die Datenbank investiert, mit der sie verknüpft ist. Folglich werden Sie auch nichts anderes als Online-Bewerbungen akzeptieren. Hierzu einige Tipps:

Füllen Sie möglichst alle Felder aus. Name, Geburtsdatum, (angestrebter) Schulabschluss, Berufserfahrungen, Praktika, Hobbys, Fähigkeiten und Neigungen sowie Ihre Motivation für den gewählten Beruf und Ihr Interesse am betreffenden Unternehmen.

Oft werden Antworten vorgegeben. Sie müssen dann nur ein Häkchen setzen oder die Antwort aus einem Klappmenü auswählen. Es gibt aber auch Felder mit freier Texteingabe. Lassen Sie nur Fragen aus, die Sie auf keinen Fall beantworten können, weil sie beispielsweise nicht zu Ihrer Situation passen. Das könnte etwa sein „zuletzt erzielter Verdienst", wenn Sie noch zur Schule gehen. Achtung: Wenn Fragen gestellt werden, die Ihre Privatsphäre verletzen, sollten Sie von einer Bewerbung bei dem betreffenden Unternehmen absehen.

Verwenden Sie die passenden Schlüsselwörter. Das ist bei Feldern mit freier Texteingabe wichtig. Schlüsselwörter sind Begriffe, nach denen mit Vorliebe gesucht wird.

Beim Berufsziel Verkäufer/-in könnte das beispielsweise das Wort Kontaktfreude sein. Überlegen Sie: Welchen Suchbegriff würden Sie in eine Suchmaschine eingeben, wenn Sie als Personaler/-in oder Abteilungsleiter/-in einen Auszubildenden mit Ihrem Berufsziel suchen würden? Genau solche Wörter sollten auch in Ihrer Online-Bewerbung auftauchen. Denn das ist der große Vorteil von Online-Formularen: Firmenintern haben viele Führungskräfte darauf Zugriff und können per Suchfunktion bequem die geeigneten Bewerberinnen und Bewerber herausfiltern.

Immer häufiger: Online-Bewerbungsformulare

Wenn Online-Bewerbungen gefordert werden, haben postalische Bewerbungen keine Chance.

Vollständigkeit ist wichtig.

Manche Fragen können oder müssen Sie nicht beantworten.

Machen Sie mit passenden Suchbegriffen auf sich aufmerksam.

Verzichten Sie auf Formatierungen. Aufzählungszeichen, Fett- oder Kursivdruck, Schriftgröße und andere Formatierungen sind zwar oft möglich. Es ist aber nicht gesagt, dass der Empfänger Ihre Eingabe so sieht, wie Sie bei Ihnen auf dem Bildschirm erscheint. Verzichten Sie darauf und möglichst auch auf Sonderzeichen wie Anführungszeichen, Gedankenstriche oder Sternchen.

Sonderzeichen werden oft falsch dargestellt, Formatierungen gehen verloren.

Sorgfalt ist das A und O. Bei einer Online-Bewerbung müssen Sie ebenso gründlich vorgehen wie bei einer Bewerbung, die Sie auf dem Postweg verschicken. Vermeiden Sie Rechtschreib- und Grammatikfehler. Lesen Sie alles, was Sie formuliert haben, noch einmal Korrektur oder bitten Sie jemanden darum, Korrektur zu lesen. Erst dann klicken Sie auf „Bewerbung abschicken".

Schreib- und Flüchtigkeitsfehler vermeiden

Kurz und knapp. Die meisten Eingabefelder erlauben nur eine begrenzte Zeichenzahl. Konzentrieren Sie sich daher auf Ihre Stärken. Sagen Sie kurz und knapp, was Sie können und worin Sie gut sind.

Behalten Sie für sich, was Sie nicht so gut können.

Uploads möglichst in Form von PDF-Dateien. Bei Online-Formularen haben Sie oft die Gelegenheit, Ihren Lebenslauf, Ihr Foto, Ihre Zeugnisse und sonstige Nachweise hochzuladen. Auch hier sind PDFs statt anderer Dateiformate empfehlenswert. Falls nicht für jede einzelne Kategorie – Foto, Lebenslauf, Zeugnisse – eine Extradatei gefordert wird, sollten Sie auch hier die Unterlagen zusammen in eine PDF-Datei packen.

Ein Anschreiben müssen Sie allerdings nur beifügen, wenn dies ausdrücklich erwünscht ist. Wichtig: Meist ist die Datenmenge beim Upload begrenzt, z. B. auf 2 MB pro Datei. Daran sollten Sie sich unbedingt halten.

Vermeiden Sie ein Wirrwarr verschiedener Dateiformate.

→ S. 120

Achtung „Session Timeout". Bei manchen Online-Formularen gibt es eine Funktion, die Sie nach Ablauf einer bestimmten Zeit automatisch abmeldet. Dann können Sie keine Daten mehr eingeben, und schlimmer noch: Alles, was Sie bis dahin eingetragen und geschrieben haben, geht verloren. Sorgen Sie vor: Kopieren Sie die Antworten, die Sie in Feldern mit freier Texteingabe ausformuliert haben. Fügen Sie sie gleich in eine Textverarbeitungsdatei ein, die Sie parallel geöffnet halten. Dann sind ihre Texte nicht einfach weg, wenn der Server Sie rausschmeißt.

Wichtig: Eingaben auf dem eigenen Rechner abspeichern.

Ihre Texte können Sie mit der Rechtschreibprüfung auf der beiliegenden CD korrigieren.

Bei der nächsten Anmeldung lassen sich diese Textbausteine wieder in die betreffenden Eingabefelder einfügen. Das Kopieren hat auch noch einen weiteren Vorteil: Auf diese Weise behalten Sie den Überblick, welche Angaben Sie gemacht haben. Das kann beim Vorstellungsgespräch durchaus wichtig sein. Zudem lassen sich die Textbausteine möglicherweise bei anderen Bewerbungen in ähnlicher Form verwenden. Viele Online-Formulare ermöglichen aber auch das Abspeichern der eingegebenen Daten, nachdem Sie sie abgeschickt haben. Nutzen Sie diese Möglichkeit!

Bewahren Sie Ihre Eingaben für die Vorbereitung auf ein mögliches Vorstellungsgespräch auf.

6.4   Die Bewerbungshomepage

Manche Stellensuchende gestalten eine Bewerbungshomepage und verschicken in einer E-Mail dann nur noch den Link auf diese Website. Das klingt sehr praktisch, führt aber seltener als erwartet zum gewünschten Erfolg:

Die Handhabung ist umständlich. Versetzen Sie sich in die Person hinein, die eine solche Bewerbung erhält: Sie wird auch diese Bewerbung ausdrucken und zu den postalischen Bewerbungsmappen legen wollen. Bei Websites ist das Ergebnis oft unbefriedigend; der Ausdruck im DIN-A4-Format ist meist nicht mehr gut zu lesen. Oft müssen alle Unterseiten angeklickt und extra ausgedruckt werden, was viel Zeit und Mühe erfordert.

Ausdrucke sind oft schlecht lesbar.

Die Bewerbung ist nicht auf den Empfänger zugeschnitten. In dieser Hinsicht ähnelt eine Bewerbungshomepage dem Versand von Massen-E-Mails. Auf einer Homepage kann beispielsweise keine Anrede platziert werden. Zudem fehlt die Information, warum Sie sich ausgerechnet bei diesem Ausbildungsbetrieb bewerben und nicht bei einem anderen. Bei einer Homepage ist offensichtlich, dass Sie sich unspezifisch bei vielen Unternehmen bewerben. Die Personalverantwortlichen mögen aber Bewerbungen lieber, die genau zu ihrem Unternehmen passen.

Fazit: Erstellen Sie lieber Bewerbungen, die individuell auf den jeweiligen Empfänger eingehen. Dann sind die Aussichten auf Erfolg in der Regel besser. Eine Bewerbungshomepage als Arbeitsprobe, auf die Sie in Ihrer Bewerbung verweisen, ist aber möglich.

Als Arbeitsprobe möglich

6.5 Bewerbungs-CD und -Speicherstick

Bewerbungen auf Datenträgern werden meist gar nicht gelesen.

Eine Bewerbungs-CD oder ein -Speicherstick ist ebenfalls weniger ratsam, auch wenn immer mehr Bewerber ihre Unterlagen auf einen solchen Datenträger speichern und per Post versenden. Hier sind die Probleme eher praktischer Natur:

Postlaufzeit: Eine elektronische Bewerbung per Post versenden – das ist schon etwas widersinnig. Warum nicht gleich per E-Mail verschicken?

Fremde Datenträger sind in Firmen oft verboten.

Datenschutz und Sicherheitsbestimmungen: Auch wenn Sie versichern, dass Ihr Datenträger frei von Viren und Trojanern ist: Die Sicherheitsbestimmungen vieler Unternehmen erlauben es gar nicht, CDs unbekannter Absender in die Laufwerke firmeneigener Rechner einzulegen oder Datensticks in die entsprechenden USB-Schnittstellen zu stecken. Das heißt: Ihre Bewerbung bleibt unberücksichtigt, auch wenn Sie sich bei Gestaltung und Inhalt noch so viel Mühe gegeben haben.

Umständliche Handhabung für den Empfänger

Handhabung: Selbst wenn Sicherheitsbedenken und Datenschutz kein Hindernis darstellen: Erwarten Sie nicht vom Empfänger, dass er Ihre CD einlegt oder den Speicherstick anschließt und dann alle Dateien, die sich darauf befinden, abspeichert oder ausdruckt. Das wird den allermeisten Firmenchefs oder Personalverantwortlichen zu umständlich sein.

Fazit: Bewerbungen auf einem Datenträger und Bewerbungshomepages sind also nicht empfehlenswert. E-Mail- und Online-Bewerbungen per Formular sind ratsam, wenn sie vom Unternehmen gewünscht werden oder wenn Sie sich etwa auf eine Ausbildung im IT-Bereich bewerben. Dort können Sie auf diese Weise belegen, dass Sie im technischen Bereich fit sind.

Initiativbewerbung statt Anfrage

→ **CD-ROM**

Übrigens: Die E-Mail-Anfrage, ob eventuell Ausbildungsplätze vorhanden sind, empfinden viele Empfänger eher als lästig. Schicken Sie doch gleich eine überzeugende Initiativbewerbung. Sie ersparen sich und dem Empfänger einen kompletten Arbeitsgang. Ein solches Vorgehen führt überraschend oft zum Erfolg.

TOP 5

Erfolgstipps für elektronische Bewerbungen

❶ **Klasse statt Masse:** Gehen Sie bei jeder einzelnen elektronischen Bewerbung individuell auf den gewünschten Beruf und den Empfänger ein. Die gleiche Bewerbung massenhaft zu versenden, ist wenig erfolgversprechend.

❷ **Gute Lesbarkeit, sorgfältige Gestaltung:** Gestalten und formulieren Sie Ihre elektronische Bewerbung sorgfältig. Verwenden Sie genauso viel Zeit und Mühe darauf wie auf eine traditionelle Bewerbungsmappe.

❸ **Anhänge:** Versenden Sie Bewerbungen als PDF-Dateien. Die kann fast jeder öffnen und lesen. Achten Sie zudem darauf, maximal 2 MB mitzuschicken oder hochzuladen.

❹ **E-Mail-Adressen:** Verwenden Sie nur seriöse E-Mail-Adressen. Falls nötig, legen Sie sich bei einem Freemail-Anbieter eine E-Mail-Adresse nach dem Bauplan vorname.name@anbieter.de zu.

❺ **Empfangsbestätigung:** Schalten Sie die automatische Empfangsbestätigung aus. Ihre E-Mail-Bewerbung soll den Empfänger neugierig machen und ihn nicht beim Arbeiten stören.

7 Nach der Bewerbung

Stand des Bewerbungsverfahrens weiter beobachten

Bewerbungsplaner pflegen

Bleiben Sie nicht einfach tatenlos, wenn Sie nichts hören.

Sie haben schon eine oder mehrere Bewerbungen versendet und damit eine wichtige Hürde auf dem Weg zum Ausbildungsplatz genommen. Jetzt geht es darum, konsequent am Ball zu bleiben. Behalten Sie immer im Blick, welche Bewerbungen Sie verschickt haben und bei welchen eine Rückmeldung noch aussteht.

Bleibt eine Reaktion aus, können Sie durchaus nachhaken. Wenn Sie nur Absagen bekommen, müssen Sie womöglich Ihre Bewerbungsstrategie ändern. Tipps zum richtigen Vorgehen nach der Bewerbung erhalten Sie in diesem Kapitel.

Der erfreulichste aller Fälle, eine Einladung zum Einstellungstest, Assessment-Center oder Vorstellungsgespräch, wird in den Folgekapiteln näher beleuchtet.

7.1 Erreichbarkeit

Halten Sie alle Verbindungswege offen.

Der klassisch per Post versendete Brief ist nur ein Weg, auf dem potenzielle Ausbildungsbetriebe mit Ihnen Kontakt aufnehmen. Immer häufiger geschieht dies aber auch per Telefon oder E-Mail. Sie sollten also auf allen Kontaktwegen, die Sie in Ihrer Bewerbung angegeben haben, auch wirklich erreichbar sein.

Telefonische Erreichbarkeit

Handy einschalten

Wer eine Handynummer zu seinen Kontaktdaten angegeben hat, sollte das Mobiltelefon – von den Unterrichtszeiten einmal abgesehen – auch eingeschaltet bei sich tragen oder eine Mailbox einrichten.

128

Auf dem Festnetz geht niemand von einer ständigen Erreichbarkeit aus. Informieren Sie aber Ihre Familienmitglieder oder sonstige Mitbewohner darüber, dass Sie sich beworben haben. Bitten Sie sie gleichzeitig, die Anrufe möglicher Arbeitgeber entgegenzunehmen und folgende Informationen zu notieren:

- den Namen des Unternehmens,
- den Namen der anrufenden Person,
- deren Rückrufnummer.

Mitbewohner über laufende Bewerbungen informieren

Rufen Sie dann schnellstmöglich zu den üblichen Bürozeiten zurück. Das erspart der Gegenseite viel Mühe und Sie sammeln womöglich nebenbei noch ein paar Pluspunkte für Zuverlässigkeit und Gewissenhaftigkeit.

Ein rascher Rückruf sorgt für Pluspunkte.

Erreichbarkeit per E-Mail

Manche Bewerber richten sich für die Ausbildungsplatzsuche extra eine E-Mail-Adresse ein, die sie in ihrer Bewerbung angeben. Oft vergessen sie jedoch, das entsprechende E-Mail-Postfach regelmäßig auf neue Nachrichten zu überprüfen. Wenn Sie eine E-Mail-Adresse in Ihrer Bewerbung angeben, darf der Empfänger davon ausgehen, dass Sie auf diesem Wege auch erreichbar sind. Schauen Sie also – zumindest werktags – täglich in Ihren elektronischen Briefkasten.

E-Mails regelmäßig überprüfen

*Profi***TIPP**

Ungeahnte Falle: Spamfilter
Manche Spamfilter sieben eingehende E-Mails allzu streng aus. Das kann zur Falle werden. Wenn eine für Sie wichtige Mail als Spam eingeordnet wird, landet Sie womöglich gar nicht in Ihrem Posteingang. Um dieses Problem zu lösen, könnten Sie den Spamfilter natürlich ganz ausschalten. Das ist aber meist nicht ratsam, weil Sie dann oft eine ganze Flut unwichtiger Werbe-Mails erhalten. Wenn Ihr Mailprogramm es zulässt, legen Sie stattdessen lieber einen Spamordner an, in den E-Mails unter Spamverdacht einsortiert werden. Diesen Ordner sollten Sie dann zwei- bis dreimal pro Woche regelmäßig auf Irrläufer prüfen. Alternativ dazu können Sie auch die E-Mail-Adressen potenzieller Ausbildungsbetriebe in eine persönliche „Weiße Liste" („Whitelist") aufnehmen. So ist sichergestellt, dass Ihnen E-Mails von diesen Absendern auf jeden Fall zugestellt werden.

7.2 Nachhaken: wann und wie?

Seit dem Absenden Ihrer Bewerbung sind schon mehrere Wochen vergangen und Sie haben noch keinerlei Reaktion von dem betreffenden Unternehmen erhalten? Das ist zunächst kein Grund zur Beunruhigung.

Aufgepasst: Nicht zu schnell ungeduldig werden

Warten Sie die Bewerbungsfrist unbedingt ab.

Viele Unternehmen sammeln alle eintreffenden Bewerbungen, bevor sie sie schließlich in einem Zug bearbeiten. Bis die letzte Bewerbung eintrifft, können aber durchaus mehrere Wochen ins Land gehen. In den ersten drei Wochen nach Versand Ihrer Bewerbung müssen Sie daher nichts unternehmen. Wenn Sie bis dahin keinen Zwischenbescheid über den Eingang Ihrer Bewerbungsunterlagen erhalten haben, sollten Sie per Telefon oder E-Mail nachhaken.

Bei Handwerksbetrieben kann es länger dauern. Zwischenbescheide sind selten.

Nicht jedes Unternehmen versendet Zwischenbescheide. Das gehört zwar bei größeren Firmen und bei Behörden zum Standard. Ein kleiner Handwerksbetrieb oder ein lokales Einzelhandelsunternehmen wird sich aber nicht immer diese Mühe machen. Trotzdem kann es sein, dass die Bearbeitung der Bewerbungen einige Wochen in Anspruch nimmt und Sie in dieser langen Zeit überhaupt keine Rückmeldung bekommen.

Profi**TIPP**

Zwischenbescheide

Der Text des Zwischenbescheids sagt nichts darüber aus, wie gut oder wie schlecht Ihre Bewerbung beim Empfänger ankommt. In der Regel ist der Ton freundlich, aber unverbindlich.

Es hat daher überhaupt nichts zu sagen, wenn man Ihnen beispielsweise für Ihre „interessanten" Unterlagen dankt – weder im positiven noch im negativen Sinne. In der Regel bekommen alle Bewerber den gleichen Brief. Nehmen Sie den Zwischenbescheid als das, was er ist: die Bestätigung, dass Ihre Bewerbung an der richtigen Stelle angekommen ist. Eine Bewertung wird im Zwischenbescheid nicht abgegeben.

Drei bis sechs Wochen nach der Bewerbung nachhaken

Weitere drei Wochen nach Erhalt eines Zwischenbescheids können Sie sich in der Regel nach dem Stand der Ausbildungsstellenbesetzung erkundigen.

Nachhaken unerwünscht

Wenn im Zwischenbescheid steht, man möge von Nachfragen nach dem Stand des Auswahlverfahrens oder nach den Chancen der eigenen Bewerbung absehen, verbietet sich das Nachhaken von selbst. Klar ist: Der Empfänger möchte in Ruhe entscheiden. Ein Anruf oder eine E-Mail wäre dann genau das Falsche. In solchen Fällen bleibt Ihnen nichts anderes übrig, als einfach abzuwarten, bis der Empfänger sich von selbst bei Ihnen meldet.

Wenn im Zwischenbescheid nichts anderes vermerkt ist, haben die meisten Unternehmen nichts dagegen, auf Nachfrage Auskünfte zum Stand des Bewerbungsverfahrens zu erteilen. Zumindest dann nicht, wenn Sie die Frist von mindestens sechs Wochen einhalten und Ihre Nachfrage vorwurfsfrei formulieren. Wie Sie nachhaken, hängt von der Art Ihrer Bewerbung ab:

Wer zu früh nachhakt, wirkt ungeduldig.

Formulieren Sie Ihre Nachfrage neutral.

- Bei postalisch versendeten Bewerbungen rufen Sie an.
- Bei elektronischen Bewerbungen fragen Sie per E-Mail nach.

Nachhaken per Telefon

Rufen Sie direkt bei der Person an, an die Sie Ihre Bewerbung gesendet haben. Wenn Sie in der Telefonzentrale oder im Vorzimmer landen, nennen Sie Ihren Vor- und Nachnamen und bitten Sie Ihren Gesprächspartner dann, Sie durchzustellen. Warum Sie anrufen, brauchen Sie hier nicht zu erklären, es sei denn, sie werden ausdrücklich danach gefragt. Wenn Sie schließlich mit dem gewünschten Ansprechpartner oder der gewünschten Ansprechpartnerin verbunden werden, melden Sie sich erneut mit Ihrem vollen Namen. Nach einer freundlichen Begrüßung kommen Sie zu Ihrem eigentlichen Anliegen.

Wenn Ihr Ansprechpartner nicht im Haus ist, fragen Sie in der Zentrale nach, wann Sie ihn am besten erreichen können.

Fallbeispiel *(Ohne Zwischenbescheid):* „Guten Tag, mein Name ist Hendrik Peters. Darf ich Ihnen eine kurze Frage stellen? Ich wüsste gerne, ob meine Bewerbung bei Ihnen angekommen ist."

Fallbeispiel *(Nach dem Zwischenbescheid):* „Guten Tag, ich heiße Sarah Mertens. Eine Frage: Vor zweieinhalb Monaten habe ich mich bei Ihnen beworben und außer einem Zwischenbescheid noch keine weitere Nachricht von Ihnen bekommen. Hat das seine Richtigkeit?"

Achtung: Vermeiden Sie alle Formulierungen, die als Vorwurf (miss)verstanden werden könnten. Auf keinen Fall wären beispielsweise folgende Fragen angebracht:

Fallbeispiele „Sie haben auf meine Bewerbung noch nicht geantwortet, und da wollte ich doch mal nachfragen, warum nicht."
„Ich habe Ihnen meine Bewerbung schon vor sechs Wochen geschickt und bis jetzt haben Sie sich immer noch nicht gemeldet. Kommt meine Bewerbung für Sie denn nicht infrage?"

Profi TIPP

Ich-Botschaften

„Ich habe noch keine Rückmeldung erhalten" klingt automatisch weniger vorwurfsvoll als „Sie haben mir noch keine Rückmeldung geschickt". „Ich-Botschaften" tragen dazu bei, dass der Empfänger das Gesagte nicht als Angriff (miss)versteht. Formulieren Sie Ihre Fragen beim Nachhaken deshalb besser in der „Ich-Form" und nicht in der „Sie-Form".

Nachhaken per E-Mail

Wenn Sie Ihre Bewerbung per E-Mail verschickt haben, dann ist auch das Nachhaken auf diesem Wege erlaubt. Ihre Nachfrage schicken Sie an die Person, an die Sie auch die Bewerbung gesendet haben. Aber auch hier sollten Sie drei bis sechs Wochen warten, um nicht zu ungeduldig zu erscheinen. Schließlich wollen Sie den Empfänger nicht zu einer Entscheidung drängen.

Bei Online-Formularen weiß man in den meisten Fällen nicht, wer die Bewerbung liest. Falls Sie sich über diesen Weg beworben haben, sollten Sie telefonisch oder per E-Mail bei der Zentrale des Unternehmens anfragen, wer für die Auswahl der Auszubildenden zuständig ist. Lassen Sie sich die E-Mail-Adresse des oder der Verantwortlichen geben und richten Sie Ihre Nachfrage direkt dorthin.

Beim Nachfragen per E-Mail gilt das Gleiche wie beim telefonischen Nachhaken: Verwenden Sie Ich-Botschaften und vermeiden Sie jede Art von Vorwurf, wenn Sie nach dem Stand des Auswahlverfahrens fragen – etwa so wie in den beiden folgenden Beispielen.

Fallbeispiel

Sehr geehrter Herr Winter,

vor etwa sieben Wochen, Mitte Januar, habe ich eine E-Mail-Bewerbung an Sie gesendet mit dem Ziel, bei Ihrer Firma eine Ausbildung zur IT-Systemelektronikerin zu machen. Bisher habe ich noch keine Empfangsbestätigung und auch keine sonstige Rückmeldung bekommen und befürchte nun, meine Unterlagen könnten womöglich gar nicht angekommen sein. Deshalb bin ich Ihnen dankbar, wenn Sie mir kurz Bescheid geben. Ich möchte sichergehen, dass die Bewerbung bei Ihnen eingegangen ist.

Beste Grüße

Isabell Wittgenstein

Höflich und vorwurfsfrei

Fallbeispiel

Sehr geehrte Frau Mahlstedt,

vor rund sechs Wochen habe ich mich online bei Ihrem Unternehmen als Auszubildender zum Versicherungskaufmann beworben. Dazu habe ich das Bewerbungsformular ausgefüllt, das auf Ihren Internetseiten bereitsteht. Direkt nach dem Abschicken der Bewerbung bekam ich eine elektronische Eingangsbestätigung. Heute möchte ich mich nach dem Stand des Auswahlverfahrens erkundigen und mein weiterhin großes Interesse an einer Ausbildung in Ihrem Unternehmen bekräftigen. Ich freue mich auf eine kurze Antwort von Ihnen.

Mit freundlichen Grüßen

Robin Berggrün

Wichtig: Auch bei einer solchen Nachfrage gehört Ihre vollständige Anschrift in die Signatur der E-Mail – einschließlich Telefon- oder Handynummer und E-Mail-Adresse.

Nicht vergessen: Anrede und Signatur

Marie Hoffmann
Zähringer Eck 3
79098 Freiburg
Tel.: 0761 1223334
E-Mail: marie_hoffmann@mustermail.de

7.3 Nach einer Absage

Seien Sie nicht enttäuscht wegen einzelner Absagen. Es ist durchaus normal, dass nicht sofort die erste Bewerbung erfolgreich ist. Wenn Sie aber nach dem Versenden Dutzender von Bewerbungen immer nur Absagen erhalten, sollten Sie sich über Ihre Bewerbungsstrategie Gedanken machen und sie notfalls ändern.

Massenhafte Absagen sind ein Alarmzeichen.

Fehlersuche

Zunächst versuchen Sie zu ergründen, warum der Empfänger Ihnen eine Absage schickt. Wenn Sie ohne Einladung zum Vorstellungsgespräch gleich – oder gegebenenfalls nach dem Zwischenbescheid – eine Absage erhalten, kann das nur bedeuten, dass Ihre Bewerbung den Empfänger – entweder formal oder inhaltlich – nicht überzeugt hat. Nehmen Sie sich Ihre Bewerbungsunterlagen noch einmal vor:

Bei schnellen Absagen die Bewerbung überprüfen.

Formal

Überprüfen Sie zunächst die Form: Ist Ihre Bewerbungsmappe vollständig, ordentlich und fehlerfrei? Haben Sie die gängigsten Fehler vermieden, etwa die Verwendung von Klarsichthüllen oder Rechtschreibfehler im Anschreiben? Wenn Sie schon sehr früh eine Absage bekommen, oft ohne Zwischenbescheid, liegt es meistens an formalen Fehlern. Die können Sie ausmerzen, indem Sie sich systematisch an die Empfehlungen in Kapitel 5 – „Die schriftliche Bewerbung" – halten. Anhand der Checkliste in diesem Kapitel können Sie die wichtigsten Punkte noch einmal überprüfen.

→ S. 83

Inhaltlich

Überprüfen Sie dann den Inhalt: Wird aus Anschreiben und Lebenslauf ersichtlich, warum Sie den genannten Beruf gewählt haben? Zeigt das Anschreiben Ihre Arbeits- und Lernbereitschaft? Passen Ihre Fähigkeiten und Neigungen zum gewählten Beruf? Ihre Eignung muss aus der Bewerbung hervorgehen, sonst sind Ihnen weitere Absagen so gut wie sicher.

Gewähltes Berufsziel überprüfen

Überprüfen Sie sich selbst: Wenn Sie sowohl die Form als auch den Inhalt kontrolliert haben, gibt es nun zwei Möglichkeiten.

→ S. 22

■ Haben Sie möglicherweise den falschen Beruf gewählt? Erinnern Sie sich noch an das Beispiel in Kapitel 1, den handwerklich begabten Hauptschüler, der Bürokaufmann werden wollte, weil er dann im Warmen arbeiten kann?

Das ist ein klassischer Fall für eine sofortige Absage. Denn seine Deutsch- und Mathematiknote offenbaren sofort, dass es ihm an Zahlenverständnis und Ausdrucksfähigkeit fehlt, beides Fähigkeiten, die ein Bürokaufmann unbedingt braucht.

Vielleicht entdecken Sie auch bei sich selbst solche Ungereimtheiten. Dann sollten Sie Ihre Berufswahl noch einmal überdenken und sich möglicherweise erneut mit einem Berufsberater der Bundesagentur für Arbeit zusammensetzen.

Berufsberatung erneut in Anspruch nehmen

■ Es kann aber auch sein, dass Sie Ihre Berufswahl nach wie vor richtig finden. Dann überarbeiten Sie das Anschreiben und den Lebenslauf so, dass Ihre Motivation, Lernbereitschaft und Eignung klarer daraus hervorgehen. Sorgen Sie zudem dafür, dass keine Unstimmigkeiten mehr enthalten sind.

Wenn etwa eine Schulnote im offensichtlichen Widerspruch zu einer für diesen Beruf notwendigen Qualifikation steht, dann ist eine Erklärung angebracht.

Widersprüche erklären und Schwächen kaschieren

Fallbeispiel Alina will Gärtnerin werden, hat aber im Fach Biologie nur die Note 4. Im Anschreiben geht sie kurz darauf ein: „Bitte lassen Sie sich nicht von meiner Biologienote abschrecken. Ich bin sehr gerne in der freien Natur, habe einen grünen Daumen und kenne auch viele Pflanzennamen. Zudem bin ich praktisch veranlagt und körperlich belastbar."

Fallbeispiel Philipp will Chemielaborant werden, obwohl seine Chemienote nicht überragend ist. Er schreibt: „Wundern Sie sich bitte nicht über meine Chemienote. Ich mag das Fach Chemie sehr und es fällt mir auch leicht, mir die wesentlichen Zusammenhänge zu merken."

Fallbeispiel Lena bewirbt sich bei einem Fitnessstudio als Sportfachfrau, obwohl Sie im Fach Sport gerade einmal die Note 3 hat. Mit ein paar Worten entschärft sie diesen offensichtlichen Widerspruch: „Falls Sie über meine Note 3 in Sport verwundert sind: Bestandteil unseres Sportunterrichts war auch die Tanzgymnastik, die mir weniger liegt. Mir liegen eher Mannschaftssportarten und Leichtathletik. Darin bin ich richtig gut."

Greifen Sie in der Bewerbung auf, was allzu offensichtlich gegen Sie spricht.

Solche Behauptungen stehen zunächst einmal natürlich unbewiesen im Raum. Aber so mancher Arbeitgeber gibt Ihnen gerne eine Chance, sich vorzustellen und bei einem Einstellungs- oder Praxistest zu beweisen, was Sie wirklich können. Die Voraussetzung ist, dass Sie selbst zu Ihren vermeintlichen Schwächen schon in der Bewerbung Stellung beziehen, ohne einen Dritten für Ihre schwachen Noten verantwortlich zu machen.

Profi**TIPP**

Fehlende Qualifikationen

Es kann durchaus Dinge geben, die Sie für Ihren gewählten Beruf können müssten, aber nicht besonders gut können. Wenn Sie trotzdem sicher sind, dass Sie bei Ihrem Berufsziel die richtige Wahl getroffen haben, empfiehlt sich folgendes Vorgehen:

- Wenn das Defizit nicht aus Ihren Schulzeugnissen oder den sonstigen Nachweisen hervorgeht, dann verlieren Sie selbst in Ihrer Bewerbung auch kein Wort darüber. Denn ohne zwingenden Grund sollten Sie sich nicht über Ihre Schwächen auslassen, sondern lieber Ihre Stärken betonen.
- Wenn durch schlechte Noten oder eine schlechte Beurteilung offensichtlich ist, dass Ihnen eine entscheidende Qualifikation fehlt, dann schreiben Sie in Ihrer Bewerbung, dass Sie gerade daran arbeiten, sich darin zu verbessern.

An der fehlenden Qualifikation sollten Sie bis zum Einstellungstest oder Vorstellungsgespräch dann aber auch tatsächlich arbeiten. Damit verbessern Sie Ihre Chancen auf einen Ausbildungsplatz.

Fehlersuche bei Absagen

Besonders hart sind Absagen, nachdem Sie zu einem Einstellungstest, einem Assessment-Center oder Vorstellungsgespräch eingeladen waren. Denn wahrscheinlich haben Sie sich schon berechtigte Hoffnungen auf den gewünschten Ausbildungsplatz gemacht.

Wichtig: gute Vorbereitung

Einstellungstest: Bei Einstellungstests ist die Auswahl oft wenig individuell. Alle Bewerberinnen und Bewerber bekommen die gleichen Aufgaben, die sie lösen müssen. Wer nicht genügend Aufgaben richtig löst, erhält eine Absage. Hier hilft also nur: Üben, üben, üben.

Immerhin wissen Sie nach einem solchen Test, bei welchen Fragen Sie besonders große Probleme hatten. Bereiten Sie sich gezielt auf solche Tests vor, denn Sie werden sie in ähnlicher Form womöglich bei anderen Auswahlverfahren wieder erleben. Einzelheiten dazu lesen Sie im nächsten Kapitel.

> Üben Sie vor allem, was Ihnen besonders schwerfällt.

Assessment-Center und Vorstellungsgespräch: Hier lohnt sich eine persönliche Nachfrage, auch wenn Ihnen das vielleicht schwerfällt. Rufen Sie von sich aus bei der Person an, die beim gewünschten Ausbildungsbetrieb für die Lehrstellenvergabe zuständig ist und die Sie beim Assessment-Center oder beim Vorstellungsgespräch persönlich erlebt hat. Fragen Sie, warum es letztlich nicht für eine Zusage gereicht hat und was Sie in Zukunft besser machen können.

> Wer Sie persönlich kennengelernt hat, kann Ihnen Tipps für die Zukunft geben.

Profi**TIPP**

Aus Absagen lernen

Versuchen Sie nicht, die betreffende Person zu überreden, Sie doch noch zu nehmen. Das wird in aller Regel nicht klappen. Durch Bitten und Betteln lässt sich niemand erweichen, der eine fundierte Entscheidung gefällt hat.

Trotz der Auflagen des Allgemeinen Gleichbehandlungsgesetzes (AGG), das Arbeitgebern verbietet, Bewerberinnen und Bewerber aufgrund persönlicher Merkmale einzustellen oder abzulehnen, geben die meisten Firmenchefs, Personalverantwortlichen und Ausbilder Bewerbern um einen Ausbildungsplatz Auskunft, wenn Sie nur deutlich genug machen, dass Sie die Entscheidung selbst nicht anzweifeln, dass Sie aus der Absage aber lernen möchten und für Tipps in Bezug auf künftige Bewerbungen dankbar sind.

Wenn dann die entsprechende Kritik geäußert wird, gehen Sie sachlich damit um. Sie brauchen sich nicht zu rechtfertigen, Sie müssen das Gesagte noch nicht einmal kommentieren. Überlegen Sie später, ob Sie es für gerechtfertigt halten und ob Sie tatsächlich etwas an Ihrem Auftreten ändern sollten.

8 Der Einstellungstest

Filter für die Bewerberauswahl

Wenn Sie aufgrund Ihrer schriftlichen Bewerbung in die engere Wahl gekommen sind, werden Sie möglicherweise zu einem Einstellungstest eingeladen. Vor allem größere Unternehmen nutzen Einstellungstests für die Bewerberauswahl. Wer sie besteht, kommt in die nächste Runde.

Unter der Lupe: die persönliche und fachliche Qualifikation

Aus der Vielzahl der Kandidatinnen und Kandidaten werden jene herausgesiebt, die die persönlichen und fachlichen Qualifikationen für den gewünschten Ausbildungsplatz mitbringen. Oder anders gesagt: Der Einstellungstest fördert zutage, wer sich für die gewünschte Stelle eignet und wer eher nicht.

Wenn Sie beim Einstellungstest unter Beweis stellen, dass Sie die geforderten Kenntnisse, Fähigkeiten und Eigenschaften mitbringen, sind Sie schon einen Schritt weiter. Dann ist eine Einladung zum Assessment-Center oder Vorstellungsgespräch sehr wahrscheinlich.

→ S. 147 ff., S. 163 ff.

Meist wird ein Extratermin für den Einstellungstest vereinbart.

Zum Einstellungstest gibt es manchmal einen Extratermin, zu dem Sie gesondert eingeladen werden. Dann treffen Sie mit vielen anderen Mitbewerberinnen und -bewerbern zusammen. Manchmal legt Ihnen der potenzielle Arbeitgeber oder die Schule, bei der Sie sich beworben haben, aber auch im Rahmen des Vorstellungsgesprächs einen solchen Test vor.

Kleinere Unternehmen verzichten in der Regel auf schriftliche Einstellungstests. Sie stellen eher beim Vorstellungsgespräch die eine oder andere Wissensfrage.

8.1 Die Vorbereitung

Auf Einstellungstests können Sie sich vorbereiten. Damit sollten Sie auch rechtzeitig beginnen, am besten schon dann, wenn Sie die ersten Bewerbungen gerade losgeschickt haben. Denn es kann sein, dass die Einladung zum Einstellungstest sehr kurzfristig kommt und die Zeit für die Vorbereitung dann knapp wird.

Frühzeitig und gezielt üben

Die einzelnen Tests sind sich oft sehr ähnlich. Nach einer gründlichen Vorbereitung wissen Sie also meist recht genau, was erwartet wird. Entscheidend ist, dass Sie die für Ihr Berufsziel infrage kommenden Einstellungstests anhand von Musterfragen ausgiebig üben.

Die Testaufgaben folgen oft einem Schema F.

---

*Profi*TIPP

Gute Vorbereitung verringert die Nervosität
Anhand von Musterfragen zu üben hat neben der fachlichen Vorbereitung noch einen weiteren Vorteil: Sie sind ruhiger, wenn es so weit ist. Denn Sie wissen dann in groben Zügen, was auf Sie zukommt. Tests, die komplett von jeder Norm abweichen und bei denen etwas ganz anderes gefragt wird als bei den üblichen Musteraufgaben, sind selten.

Typische Fragen, Aufgaben und Übungen sind leicht zu bekommen. Gute Informationsquellen sind

Musterübungen besorgen

- spezielle Fachbücher: In Büchereien oder Buchhandlungen finden Sie Literatur, die das Thema Einstellungstests mit vielen Beispielen ausführlich behandelt (z. B. die „Duden Arbeitsmappe Einstellungstests: Schnelle und gezielte Vorbereitung auf den Auswahltag").

Übungsbücher kaufen oder ausleihen

- die Bundesagentur für Arbeit: Häufig werden dort Informationsveranstaltungen und Kurse angeboten, die sich allein mit dem Thema Einstellungstest beschäftigen. Fragen Sie Ihren Berufsberater nach den Terminen und gehen Sie hin!

Kurse besuchen

- das Internet: Wenn Sie beispielsweise den Begriff „Einstellungstest Übung" in eine Suchmaschine eingeben, stoßen Sie auf eine Reihe von Websites mit Musteraufgaben.

Testaufgaben im Internet lösen

- Musteraufgaben großer Unternehmen: Bei Banken, Versicherungen und Krankenkassen erhalten Sie häufig kostenloses Informationsmaterial, das Sie nutzen können, auch wenn Sie sich dort nicht bewerben.

Kostenloses Material großer Unternehmen nutzen

8.2 Die verschiedenen Testarten

Ein Einstellungstest ist eine Art Prüfung. Bei manchen Tests sind Sie nach einer Stunde fertig, bei anderen dauert die Lösung der Aufgaben und die Beantwortung der Fragen mehrere Stunden. In den folgenden Abschnitten lesen Sie, welche Testarten es gibt. Der Einstellungstest besteht meist

■ aus einem Allgemeinbildungstest,

■ aus einem Intelligenztest und

■ aus einem Persönlichkeitstest.

Der Allgemeinbildungstest

Viele Fähigkeiten lassen sich nicht an Schulnoten ablesen.

Ein Ausbildungsbetrieb sieht anhand Ihrer Schulnoten zwar grob, worin Sie gut sind und wofür Sie sich möglicherweise interessieren. Aber es gibt auch eine Reihe von Fähigkeiten, die sich nicht in einer Schulnote ausdrücken lassen, die aber für das gewählte Berufsziel womöglich wichtig sind, z. B. das technische Verständnis für einen angehenden Maschinen- und Anlagenführer oder die Kommunikationsfähigkeit für eine Werbekauffrau.

Abgefragt wird, was aus der Schule bekannt sein sollte.

Außerdem sind Schulnoten nicht immer aufschlussreich. Es kann ja durchaus Bewerber geben, die ihre Note 3 in Mathe nur bekamen, weil sie vor der Prüfung noch einmal kräftig gebüffelt haben. Der Test Ihrer Allgemeinbildung soll offenbaren, ob die notwendigen Kenntnisse wirklich vorhanden sind oder ob Lernstoff gleich wieder in Vergessenheit geriet.

Bei solchen Tests bekommen Sie fast immer Multiple-Choice-Fragen vorgelegt, also Fragen, bei denen Sie unter mehreren Antwortmöglichkeiten die richtige auswählen müssen. Nur bei Rechenaufgaben kann es Ihnen gelegentlich passieren, dass Sie die Lösung selbst aufschreiben müssen. Geprüft werden vor allem die folgenden Bereiche:

Wichtig vor allem in kaufmännischen Berufen

Sprache: Zeigen Sie, wie souverän Sie auf folgenden Gebieten sind:

■ Rechtschreibung,

■ Zeichensetzung,

■ Wortschatz und

■ Fremdsprachenkenntnisse, wenn diese in Ihrem gewünschten Ausbildungsberuf von Bedeutung sind.

Rechnen: Die üblichen Fragen decken folgende Gebiete ab:

- Prozentrechnung,
- Dreisatz,
- Gleichungssysteme,
- Geometrie und
- Umgang mit Zahlenreihen.

Wichtig in kauf-
männischen und
technischen Berufen

Allgemeinwissen: Aus diesem wichtigen Bereich werden Ihre Kenntnisse zu allgemeinen Themen abgefragt. Eine gute Vorbereitung besteht manchmal schon darin, das aktuelle Tagesgeschehen in den Nachrichten zu verfolgen.

Wichtig z. B in
Berufen mit Medien-
bezug, bei Banken
und Versicherungen

Beispiele

1. Wie heißt die Hauptstadt von Nordrhein-Westfalen?
   a) Düsseldorf   b) Köln   c) Dortmund   d) Essen

2. Für welche Zeitspanne wird der Bundespräsident gewählt?
   a) 6 Jahre   b) 5 Jahre   c) 4 Jahre   d) 3 Jahre

3. Wann wurde die Bundesrepublik Deutschland gegründet?
   a) 1945   b) 1947   c) 1949   d) 1950

4. Wo entstand die erste Demokratie der Welt?
   a) Athen   b) Rom   c) Persien   d) Ägypten

5. Zu welchem Land gehört Südtirol?
   a) Deutschland   b) Österreich   c) Italien   d) Schweiz

6. In welcher Stadt befindet sich der Rote Platz?
   a) Peking   b) Kiew   c) St. Petersburg d) Moskau

7. In welcher Stadt an der Riviera finden alljährlich Filmfestspiele statt?
   a) Berlin   b) Rimini   c) Cannes   d) Monaco

8. Wo fand die erste Fußballweltmeisterschaft statt?
   a) Uruguay   b) Großbritannien c) Italien   d) Schweiz

9. Wann wurde der Euro als Bargeld eingeführt?
   a) 1996   b) 2000   c) 2002   d) 2005

Lösung: 1a, 2b, 3c, 4a, 5c, 6d, 7c, 8a, 9c

Aufgaben je nach Berufsziel

Im Allgemeinbildungstest liegt der Schwerpunkt auf denjenigen Fächern, die in dem betreffenden Ausbildungsberuf auch wirklich gebraucht werden. Dass sich ein angehender Elektroniker mit Tests zur Sprache herumschlagen muss, ist eher unwahrscheinlich. Dagegen ist es durchaus möglich, dass er Fragen zum Fach Physik beantworten muss. Konzentrieren Sie sich bei der Vorbereitung also besonders auf die Kenntnisse, die für das betreffende Berufsziel nötig sind.

Der Intelligenztest

In der Regel Multiple-Choice-Fragen

Mal ganz abgesehen von Schulwissen und Allgemeinbildung möchte ein Ausbildungsbetrieb von potenziellen Auszubildenden auch wissen, wie intelligent sie sind. Hier geht es also nicht um auswendig gelerntes Wissen.

In diesem Bereich sind Multiple-Choice-Fragen ebenfalls die Regel. Manchmal werden Sie aber auch gebeten, eine Zahlen- oder Wörterreihe zu ergänzen.

Da sich die Intelligenz aus verschiedenen geistigen Fähigkeiten zusammensetzt, ist die Bandbreite der Fragen groß:

Nehmen Sie sich die Zeit, über die richtige Lösung nachzudenken.

Sprach- und zahlenlogisches Denken und Abstraktionsvermögen:
Hier müssen Sie beispielsweise Sätze logisch ergänzen, Begriffe oder Sprichwörter zuordnen oder aus mehreren Begriffen denjenigen auswählen, der nicht zu den anderen passt.

Beispiele

1. Das Gegenteil von geizig ist ...?
  a) billig   b) sparsam   c) großzügig   d) wertvoll   e) reich

2. Welches Zeichen muss man zwischen 5 und 6 setzen, damit das Ergebnis größer als 5, aber kleiner als 6 wird?

Lösung: 1c, 2 Komma

Aufmerksam zuhören und zusehen

Merkfähigkeit: Bei den Aufgaben zu diesem Bereich geht es darum, sich Begriffe und Zusammenhänge zu Beginn des Tests möglichst gut einzuprägen. Diese werden dann zu einem späteren Zeitpunkt wieder abgefragt.

Räumliches Vorstellungsvermögen: Diese Testeinheit soll einen Eindruck davon vermitteln, wie gut Sie sich zweidimensionale Abbildungen dreidimensional vorstellen können. Bei manchen Aufgaben müssen Sie z. B. zeigen, welchen dreidimensionalen Körper man aus einem Blatt Papier, das in bestimmter Weise zugeschnitten ist, basteln könnte. Bei anderen geht es etwa um die Frage, in welche Richtung ein von verschiedenen Seiten gezeigter geometrischer Körper gedreht worden ist.

Bei vielen praktischen Berufen unabdingbar

> *Beispiel*
>
> Welchen der drei Körper kann man aus dem Papier basteln?
>
>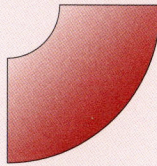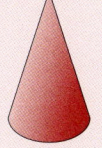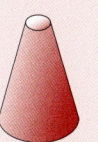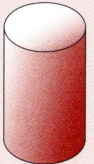
>
> Lösung: den mittleren.

Konzentrationsfähigkeit und Belastbarkeit: Mit diesen Testaufgaben will der potenzielle Arbeitgeber herausfinden, ob Sie schnell, ausdauernd und konzentriert arbeiten können. Dabei steht Ihnen zur Lösung verschiedener Aufgaben nur sehr wenig Zeit zur Verfügung.

Lassen Sie sich durch den Zeitdruck nicht stressen!

> *Beispiel*
>
> Sie haben für die Lösung dieser Aufgabe nur zwei Minuten Zeit. Achtung: Die Regel Punkt vor Strich gilt hier nicht!
>
> $5 + 3 \cdot 2 - 6 : 2 + 8 - 5 \cdot 3 + 8 - 5 - 9 : 2 \cdot 5 - 9 : 4 \cdot 3 = ?$
>
> Lösung: 27

Der Persönlichkeitstest

Manchmal umfassen Einstellungstests auch psychologische Fragen, die Rückschlüsse auf Ihren Charakter, Ihre Eigenschaften und Ihre Motivation zulassen. Oft werden fiktive Situationen aus dem Schul- oder Arbeitsalltag geschildert. Sie müssen dann angeben, was Sie tun beziehungsweise wie Sie reagieren würden.

Hier geht es um die Einschätzung Ihrer Person.

Stehen Sie zu Ihren Eigenschaften!

Dabei geht es beispielsweise darum herauszufinden,

- wie Sie sich im Team verhalten,
- wie viel Selbstvertrauen Sie haben,
- wie hilfsbereit Sie sind,
- wie schwer oder wie leicht es Ihnen fällt, Kontakte zu knüpfen,
- ob Sie Ihre Gefühle eher ausdrücken oder Ihre Emotionen zurückhalten,
- wie gut Sie sich selbst und andere motivieren können,
- wie es um Ihr Durchhaltevermögen bestellt ist und
- wie Sie mit Misserfolgen und Frustsituationen umgehen.

*Profi*TIPP

Ehrliche Antworten

Ob Sie sich auf solche Persönlichkeitstests vorbereiten können, ist fraglich. Die Bandbreite möglicher Aufgaben ist zu groß. Ein Tipp aber dennoch für die Prüfungssituation selbst: Versuchen Sie sich in das Szenario hineinzuversetzen, das in der Frage geschildert wird, und geben Sie ehrliche Antworten. Wenn Sie Ihren Wunschberuf passend zu Ihrer Persönlichkeit gewählt haben, kann Ihnen nicht viel passieren.

8.3 Nervosität und Prüfungsangst

Maßnahmen gegen Stress und Prüfungsangst

Viele Bewerberinnen oder Bewerber sind übernervös, was sich oft negativ auf die Leistung auswirkt. Es gibt aber eine ganze Reihe von Maßnahmen, mit denen Sie Ihre Nervosität oder Prüfungsangst in den Griff bekommen können.

Leichte Nervosität steigert die Leistungsfähigkeit.

Machen Sie sich klar: Ein bisschen Anspannung gehört dazu. Eine gewisse Nervosität ist vor Tests normal und sogar nützlich. Denn das in solchen Situationen ausgeschüttete Stresshormon Adrenalin erhöht die Aufmerksamkeit und Konzentrationsfähigkeit.

Positiv denken

Stellen Sie sich schon im Vorfeld vor, dass alles gut läuft. Das Stichwort hier lautet positives Denken. Steigern Sie sich nicht in Ängste hinein, indem Sie sich etwa vorstellen, wie Sie vergeblich über schwierigen Aufgaben brüten. Stellen Sie sich – im Gegenteil – vor, wie Sie den Test mit Bravour meistern.

Malen Sie sich aus, wie gut Sie sein werden.

Lassen Sie das positive Denken zur Gewohnheit werden. Das können Sie bewusst fördern, indem Sie sich selbst immer wieder positive Aussagen einflüstern, z. B.:

- „Ich schaffe das, wenn ich es will."
- „Nichts ist unmöglich."
- „Es gibt immer einen Weg zum Ziel."
- „Frisch gewagt ist halb gewonnen."

Sprechen Sie sich selbst Mut zu.

Vertrauen Sie auf Ihre gute Vorbereitung. Nicht umsonst haben Sie sich vorher immer wieder einschlägige Testaufgaben angesehen und die Antworten auf knifflige Fragen geübt. Dieses Wissen wird sich auszahlen, darauf können Sie sich verlassen.

Dank guter Vorbereitung wissen Sie, was auf Sie zukommt.

Entspannen. Bevor sie zum Eignungstest antreten, setzen Sie auf Entspannung. Machen Sie das, was Sie zur Ruhe kommen lässt: Hören Sie Musik, treffen Sie sich mit Freunden, gehen Sie zum Sport oder lesen Sie ein Buch. Vielleicht helfen Ihnen auch Entspannungstechniken wie Yoga. Beschäftigen Sie sich nicht bis kurz vor dem Test mit Übungsaufgaben. Setzen Sie damit bewusst am Tag vor dem Test aus. Dann schlafen Sie besser und steigern sich nicht in irgendwelche Prüfungsszenarien hinein.

Hören Sie einen Tag vor dem Test auf zu üben.

Ausschlafen. Schlaf ist nicht nutzlos. Das Gehirn benötigt ihn dringend, um sich zu regenerieren. Auch Ihr Körper braucht genug Schlaf, um leistungsfähig zu sein. Den geplanten Party- oder Discobesuch sollten Sie also lieber auf die Zeit nach dem Einstellungstest verschieben und am Abend vorher früh ins Bett gehen. Wenn Sie ausgeruht sind, sind Sie belastbarer, können mehr Stress aushalten und sich viel besser konzentrieren.

Gönnen Sie sich in der Nacht davor viel Schlaf.

Ausreichend Schlaf steigert die Konzentrationsfähigkeit.

Bewegen Sie sich, möglichst an der frischen Luft. Bei Stress wird das Hormon Adrenalin ausgeschüttet, das im Menschen einen Fluchtreflex auslöst. Diese Reaktion stammt noch aus der Steinzeit, als wilde Tiere den Menschen mehr Angst einjagten als bevorstehende Prüfungen. Mit diesem Wissen können Sie den Stress abbauen. Wenn ihr Körper denkt, dass Sie auf der Flucht sind, sinkt Ihr Adrenalinspiegel automatisch. Also: Bewegen Sie sich! Gehen Sie eine Runde joggen oder spielen Sie eine Partie Fußball mit Ihren Kumpels. Dann lässt der Stress merklich nach.

Bewegung hilft, Stress abzubauen.

145

Verlangen Sie von sich selbst nicht zu viel. Es gibt Aufgaben, die für Sie nicht lösbar sind. Manche Tests sind sogar bewusst so verfasst. Sie bekommen immer wieder Aufgaben, die in der vorgegebenen Zeit gar nicht zu lösen sind. Damit wollen die Unternehmen herausfinden, wie Sie mit einer solchen Situation umgehen. Versuchen Sie, ruhig zu bleiben und das zu tun, was möglich ist. Seien Sie mit sich selbst gnädig, wenn Sie nicht immer alles schaffen, was Sie sich vorgenommen haben.

Wenn eine Blockade droht: bewusst ausatmen. Stress und Prüfungsangst können manchmal regelrecht zu einer Lähmung führen. Eine ganz einfache Atemtechnik hilft Ihnen dabei, die extreme Anspannung abzubauen: Konzentrieren Sie sich auf das Ausatmen. Denn beim Einatmen spannen wir uns an und unser Herz schlägt schneller. Beim Ausatmen entspannen wir uns und unser Herzschlag verlangsamt sich. Lassen Sie die Luft langsam und bewusst aus Ihren Lungen entweichen. Atmen Sie dann ruhig wieder ein, bevor Sie abermals tief ausatmen.

Einstellungstest

☐ Kennen Sie die verschiedenen Testarten und haben Sie sich Informationsmaterial beschafft, z. B bei großen Unternehmen wie Banken und Versicherungen oder im Internet?

☐ Kennen Sie die gängigen Fragentypen, mit denen etwa Ihr fachspezifisches Wissen, Ihr Allgemeinwissen, Ihre Konzentrationsfähigkeit und Ihre Belastbarkeit überprüft werden?

☐ Haben Sie sich beispielsweise in Buchhandlungen, Büchereien oder im Internet Musteraufgaben beschafft?

☐ Haben Sie rechtzeitig mit der Vorbereitung begonnen und die Musterfragen und -übungen ernsthaft durchgearbeitet?

☐ Haben Sie das aktuelle Tagesgeschehen in der Zeitung, im Radio, im Internet oder im Fernsehen verfolgt?

☐ Wissen Sie, wie Sie entspannen und Ihre Nervosität oder Prüfungsangst in den Griff bekommen können?

CHECKLISTE

Bewerbertag und Assessment-Center

Alternativ oder zusätzlich zu einem Einstellungstest laden potenzielle Ausbildungsbetriebe überzeugende Bewerberinnen und Bewerber manchmal zu einem Bewerbertag oder Assessment-Center ein. Anders als beim klassischen Vorstellungsgespräch – siehe nächstes Kapitel – werden hier mehrere Personen gleichzeitig eingeladen. Sie treten teilweise gegeneinander an, müssen aber auch Aufgaben gemeinsam lösen.

"Assessment" ist das englische Wort für "Einschätzung", und genau darum geht es bei einer solchen Veranstaltung: Die teilnehmenden Bewerberinnen und Bewerber sollen eingeschätzt werden. Das einladende Unternehmen hat das Ziel, unter allen Kandidatinnen und Kandidaten diejenigen auszuwählen, die sich am besten für die ausgeschriebenen Ausbildungsplätze eignen. Vor allem große Unternehmen, die viele Lehrstellen zu vergeben haben, laden zu einer solchen Auswahlveranstaltung ein. Ob Sie zum Bewerbertag oder zum Assessment-Center eingeladen werden, ist unwichtig. Im Grunde ist beides das Gleiche, der Bewerbertag ist oft nur eine abgespeckte Version eines Assessment-Centers.

Unterschiede gibt es jedoch zum klassischen Einstellungstest: Dort geht es zumeist um die fachliche Eignung der Bewerberinnen und Bewerber. Die charakterliche Seite wird dort allenfalls mit ein paar psychologischen Testfragen beleuchtet. Beim Bewerbertag oder Assessment-Center dagegen stehen die Charaktereigenschaften der Teilnehmer im Vordergrund. Es geht vorwiegend um sie sogenannten "Soft Skills", also wörtlich um "weiche Fähigkeiten".

Statt Einstellungstest oder zusätzlich

Ziel: Auswahl geeigneter Bewerberinnen und Bewerber

Bewerbertag

"Soft Skills" stehen im Vordergrund.

Soft Skills sind beispielsweise
- Kommunikationsfähigkeit,
- Überzeugungskraft,
- Auftreten,
- Umgangsformen,
- Teamfähigkeit,
- Stressresistenz,
- Selbstbewusstsein,
- Flexibilität.

Häufig bei Berufen mit Kundenkontakt

Vor allem große Unternehmen, bei denen Sie in Ihrem gewählten Beruf häufig Kundenkontakt haben und womöglich Beratungs- und Verkaufsgespräche führen müssen, laden zum Bewerbertag oder Assessment-Center ein. Achtung: Ihre „Hard Skills", die „harten" Fähigkeiten und Qualifikationen, werden an einem solchen Tag auch nicht ganz außer Acht gelassen. Es kann durchaus sein, dass der Veranstalter Ihnen im Laufe des Tages einen kleinen Einstellungstest präsentiert. Oder er stellt Ihnen bei einem persönlichen Gespräch im Rahmen dieser Veranstaltung ein paar berufsspezifische Fragen, um auch Ihre fachliche Eignung einschätzen zu können.

Seien Sie auf weitere Tests gefasst.

9.1 Auftreten und äußeres Erscheinungsbild

Achten Sie auf ein gepflegtes Äußeres.

Zum Bewerbertag oder Assessment-Center kleiden Sie sich wie zu einem normalen Vorstellungsgespräch. Angebracht sind ein Anzug oder zumindest eine ordentliche Stoffhose und ein gebügeltes Hemd. Frauen tragen ein Kostüm, eine Stoffhose, einen Rock und eine Bluse oder ein schickes, zur restlichen Kleidung passendes T-Shirt. Mit Jeans und T-Shirt, womöglich auch noch in einer verwaschenen Variante, sammeln Sie keine Punkte.

Kleiden Sie sich lieber konservativ als allzu lässig.

Bedenken Sie: Im Normalfall sind es eher die konservativen Branchen, also z.B. Banken, Versicherungen, Energieversorger oder Kaufhäuser, die zum Bewerbertag oder Assessment-Center einladen. Sie legen größten Wert auf ein gepflegtes Erscheinungsbild. Welche Kleidungsstücke Sie auswählen, ob ein Anzug mit Krawatte oder ein Kostüm oder Hosenanzug unbedingt sein muss oder nicht, kommt ein wenig auf die Branche an.

*Profi***TIPP**

Passend zum Unternehmen

Wenn eine große Werbeagentur Sie zum Assessment-Center einlädt, darf Ihre Kleidung ruhig trendiger und weniger streng ausfallen. Bei einem großen Industriebetrieb sollten Sie zwar nicht im Blaumann auftauchen, aber es muss auch nicht gleich der dunkle Anzug mit Krawatte sein. Eine ordentliche Stoffhose und ein gebügeltes Hemd wären hier durchaus denkbar. Überlegen Sie, welche Kleiderordnung in dem betreffenden Unternehmen voraussichtlich gilt, und passen Sie Ihre Kleidung daran an. Denn wer viel feiner angezogen ist als alle anderen, wird sich in seiner Haut nicht unbedingt wohlfühlen. Das Gleiche gilt auch für jemanden, dessen Kleidung deutlich lässiger ausfällt. Diesem zusätzlichen Stress, nicht passend gekleidet zu sein, sollten Sie sich nicht aussetzen.

Neben der Kleidung kommt es aber auch noch auf andere Dinge an, die im engeren oder weiteren Sinne zum äußeren Erscheinungsbild gehören. Unterschätzen Sie solche reinen Äußerlichkeiten nicht, denn der erste Eindruck ist wichtig!

> **Wichtig: ein ordentliches Erscheinungsbild und ein höfliches Auftreten**

- Falls der letzte Friseurbesuch schon eine Weile her ist: Gehen Sie vorher noch zum Friseur. Ihre Haare sollten frisch gewaschen und nicht etwa fettig oder voller Schuppen sein.
- Männer sollten sich keinen Dreitagebart stehen lassen. Entweder Sie rasieren Ihr Kinn glatt oder Sie tragen einen gepflegten Bart.
- Frauen sollten nicht aufdringlich geschminkt sein.
- Tiefe Dekolletés, kurze Röcke und Schuhe mit hohen Absätzen sind nicht empfehlenswert.
- Achten Sie auf saubere Fingernägel.
- Ihre Schuhe sollten gut geputzt sein.
- Vorsicht beim Einsatz von Rasierwasser oder Parfüm. Der Duft sollte dezent sein und nicht sofort in die Nase stechen.

Es gilt als unhöflich, zu früh oder zu spät zu kommen. Und ebenso unhöflich ist es, einen Gesprächspartner nicht anzuschauen. Wenn Sie jemand persönlich begrüßt, schauen Sie ihm offen ins Gesicht, lächeln Sie und reichen Sie Ihrem Gegenüber die Hand. Ihr Händedruck sollte fest, aber nicht schraubstockartig sein. Dann wirken Sie sympathisch und selbstbewusst.

> **Seien Sie pünktlich, aber nicht überpünktlich.**

FLOP 5

Das geht gar nicht!

❶ **Rauchen:** Raucher sollten darauf achten, nicht nach Zigarettenqualm zu riechen. Darauf reagieren viele Nichtraucher empfindlich.

❷ **Kauen:** Kaugummis und Bonbons sind tabu.

❸ **Begleitung:** Lassen Sie sich nicht von Eltern oder Freunden begleiten, sondern gehen Sie allein hin. Wer in Begleitung erscheint, wirkt, als müsste ihm jemand bis zum Schluss das Händchen halten.

❹ **Handy:** Schalten Sie Ihr Handy aus, bevor Sie den Veranstaltungsort betreten. Ein Klingeln zur falschen Zeit könnte Sie in Verlegenheit bringen. Lassen Sie das Handy auch in den Pausen ausgeschaltet. Wer dauernd telefoniert, SMS liest oder schreibt, wirkt schnell desinteressiert.

❺ **MP3-Player:** Auch einen MP3-Player sollten Sie nicht mitnehmen, selbst wenn Sie ihn nur in Pausen und Wartezeiten einschalten: Er hindert Sie daran, mit anderen zu reden und lässt Sie womöglich wie einen unkommunikativen Sonderling wirken.

Verhalten Sie sich freundlich und fair gegenüber ihren Mitbewerbern.

Aufgepasst, wenn es um den Umgang mit anderen Bewerberinnen und Bewerbern geht. Sie lernen an einem solchen Tag viele neue Leute kennen. Vielleicht treffen Sie auch jemanden aus Ihrer Schule, der sich ebenfalls auf eine Lehrstelle bei der betreffenden Firma beworben hat. Das mag nicht immer jemand sein, mit dem Sie auf freundschaftlichem Fuß stehen. Gehen Sie trotzdem mit allen Anwesenden freundlich und fair um.

*Profi*TIPP

Freundlich trotz Konkurrenz
Begrüßen Sie Ihre Mitbewerber oder -bewerberinnen freundlich – ob mit Händedruck oder nicht, kommt auf die Situation an. Selbst wenn Sie in Konkurrenz zueinander stehen, lassen Sie sich nichts anmerken. Sie gewinnen nichts, wenn Sie versuchen andere auszustechen. Verhalten Sie sich stattdessen freundlich und kooperieren Sie mit den anderen. Damit stellen Sie Ihre Teamfähigkeit unter Beweis. Außerdem kann es sein, dass der eine oder die andere später gemeinsam mit Ihnen eingestellt wird und dass Sie im Alltag zusammenarbeiten müssen. Verderben Sie es sich nicht schon beim Kennenlernen mit möglichen späteren Kollegen.

Aufgepasst, wenn Sie zusammen mit einem Freund oder einer Freundin zu einem solchen Bewerbertag oder Assessment-Center eingeladen sind. Oder wenn gar mehrere Personen aus Ihrer Clique es geschafft haben, eine Einladung zu bekommen. Dann nämlich besteht die Gefahr, dass Sie ständig zusammenglucken und nur als Grüppchen, nicht aber als Einzelperson wahrgenommen werden.

Keine Cliquen bilden

Auch wenn es schwerfällt: Geben Sie sich an solchen Tagen nicht nur mit Ihren Bekannten ab, sondern unterhalten Sie sich ganz bewusst auch mit anderen Personen. Wenn Sie selbst einen Einfluss darauf haben, welche Teams für bestimmte Aufgaben zusammenfinden, schließen Sie sich gezielt einer Gruppe an, in der weder Freunde noch Cliquenmitglieder sind.

Bewusst auf Fremde zugehen

Kontaktfreudigkeit zeigen

9.2 Der übliche Ablauf

Nicht jeder Bewerbertag und jedes Assessment-Center ist nach dem gleichen Muster gestrickt. Dennoch gibt es viele wiederkehrende Bestandteile, auf die Sie sich einstellen können.

Typische Bausteine eines Assessment-Centers

Begrüßung und Unternehmenspräsentation

„Zuhören" lautet die Devise am Anfang. Zunächst einmal werden Sie freundlich willkommen geheißen. Dann präsentiert sich der Veranstalter, also das auswählende Unternehmen.

Das Unternehmen stellt sich vor.

Auch die beteiligten Personen, die den Bewerbertag oder das Assessment-Center vonseiten des Unternehmens durchführen, stellen sich vor. Manchmal kommen einzelne Vertreter von Vorstand oder Geschäftsleitung kurz dazu, um Sie zu begrüßen, bevor sie das Wort an die Verantwortlichen übergeben, die dann die eigentliche Bewerberauswahl durchführen.

Die Namen sollten Sie sich unbedingt merken, damit Sie die betreffenden Personen später auch richtig ansprechen können. Damit sammeln Sie Pluspunkte. Aufgepasst: Falls jemand einen Doktortitel trägt, dann gehört dieser zur Anrede dazu. Lassen Sie den Titel nicht einfach weg, es sei denn, die betreffende Person bittet darum.

Merken Sie sich die Namen der verantwortlichen Personen.

Nachfragen ist erlaubt

Wenn Sie einen Namen nicht richtig verstanden haben, dürfen Sie die betreffende Person noch einmal danach fragen. Warten Sie damit aber, bis sich später ein Zweiergespräch oder ein Gespräch im kleinen Kreis ergibt. Fragen Sie dann ruhig selbstbewusst nach, z. B. mit dieser Formulierung: „Jetzt muss ich zugeben, dass ich Ihren Namen nicht richtig verstanden habe. Sie sind Herr ...?" Das ist besser, als den ganzen Tag herumzudrucksen, nur weil Sie den Namen nicht mehr wissen.

Prägen Sie sich die Unternehmens- informationen gut ein.

Nachdem sich die verantwortlichen Personen selbst vorgestellt haben, sagen sie meist auch noch ein paar Worte zu dem Unternehmen, das den Bewerbertag oder das Assessment-Center durchführt. Hier lohnt sich das Zuhören erst recht! Denn viele der Informationen können Sie später aufgreifen. Es gibt im Laufe des Tages genügend Gelegenheiten, Rückfragen zu stellen oder gezielt einzelne Aspekte aufzugreifen und tiefer nachzuhaken.

Aufmerksam zuhören statt passiv berieseln lassen

Über das Berufsziel und den Ausbildungsverlauf werden Sie ebenfalls einiges erfahren. Manchmal kommen auch Lehrlinge aus dem aktuellen Ausbildungsjahrgang zu Wort. Sie schildern, was sie gerade in der Ausbildungsphase erleben. Hören Sie immer aufmerksam zu. Denn Bewerberinnen und Bewerber, die sichtlich interessiert sind, haben bessere Chancen.

Vorsicht beim Mitschreiben

Wenn Sie sich Notizen machen wollen, beschränken Sie sich auf wenige Stichworte. Wer jedes Detail mitschreibt, verliert den Blickkontakt mit der vortragenden Person und anderen Anwesenden. Möglicherweise bekommt er auch nicht mit, was zwischen den Zeilen gesagt oder nonverbal vermittelt wird – wenn beispielsweise eine Aussage durch entsprechende Mimik oder Gestik begleitet wird. Das wäre schade. Außerdem wirkt das Mitschreiben oft eher streberhaft als ehrlich interessiert.

Am Schluss des Begrüßungsteils bekommen Sie meist die Gelegenheit, Fragen zu stellen. Diese Gelegenheit können Sie ruhig nutzen, aber Sie müssen es nicht um jeden Preis tun.

Wenn Sie etwas interessiert, fragen Sie nach!

Profi TIPP

Erwünscht: echte Fragen

Es kann sein, dass Ihnen beim Zuhören bereits ein Aspekt aufgefallen ist, zu dem Sie gerne noch weitere Informationen hätten. Dann können Sie ruhig nachfragen. Weniger angebracht sind dagegen Fragen um des Fragens willen. Wer eine belanglose Alibi-Frage stellt, nur um auch etwas gesagt zu haben, fällt damit negativ auf.

Unbedingt vermeiden sollten Sie Fragen, die überhaupt keine sind. Vielleicht kennen Sie das: In einer größeren Runde ist immer irgendjemand, der sich selbst gerne reden hört und deshalb eine vermeintliche Frage stellt, die eigentlich keine ist. Sagen Sie lieber gar nichts, bevor Sie mit den Worten „Sind Sie nicht auch der Meinung, dass ...“ oder ähnlichen Floskeln einfach nur Ihre Meinung kundtun. Das ist an dieser Stelle nicht angebracht.

Vorstellungsrunde

Nach der Begrüßung werden die Bewerberinnen und Bewerber meist aufgefordert, sich selbst in einigen Sätzen vorzustellen. Manchmal bleibt es ihnen selbst überlassen, etwas zu ihrer Person zu sagen, manchmal werden aber auch Leitfragen gestellt, z. B.:

- „Warum sind Sie hier?“
- „Was reizt Sie am Beruf des/der ...?“
- „Was hat Sie dazu bewogen, sich ausgerechnet bei uns zu bewerben?“

Leitfragen

Es ist ein Irrtum zu glauben, nur die erste Person in einer solchen Vorstellungsrunde hätte es besonders schwer, weil sie mit ihrer Selbstvorstellung die Standards für alle weiteren Aussagen setzt. Egal, ob sie selbst als erste Person reden müssen oder ob Sie erst später dran sind – Sie sollten es sich selbst auf keinen Fall zu leicht machen.

Lassen Sie sich etwas Eigenes einfallen.

Wer nur aufgreift und wiederholt, was der Vorredner oder die Vorrednerin gesagt hat, wirkt langweilig und einfallslos oder macht gar einen schüchternen und verkrampften Eindruck. Formulieren Sie vielmehr mit eigenen Ideen und eigenen Worten das, was Sie wirklich sagen möchten.

Nicht einfach nachplappern!

Fallbeispiel

Kandidat 1 *(der erste in der Vorstellungsrunde):* „Mein Name ist Marcel Perstl, ich bin 16 Jahre alt und gehe in die Gustav-Stresemann-Realschule hier in Berlin. Ich möchte Bankkaufmann werden, weil ich gerne mit Zahlen umgehe und gut im Fach Mathematik bin. Gerne möchte ich außerdem anderen Menschen helfen, ihre Finanzen in Ordnung zu bringen."

Kandidat 2: „Ich heiße Florian Schneider und bin 15 Jahre alt. Ja – also, mir geht es wie meinem Vorredner. Ich will auch Bankkaufmann werden, bin auch ganz gut in Mathe, und klar wäre es schön, Menschen mit ihren Finanzen zu helfen. Ach – ja genau! – ich bin auch auf der Gustav-Stresemann-Realschule."

Kandidatin 3: „Mein Name ist Nina Bergmann, ich bin 18 Jahre alt und bin in der 13. Klasse des Pestalozzi-Gymnasiums. Wie schon gesagt wurde, bin auch ich sehr gut im Fach Mathematik und der Wunsch, Menschen mit ihren Finanzen zu helfen, spielt auch bei mir eine große Rolle bei meiner Berufswahl."

Kandidatin 4: „Guten Tag, ich bin Ann Severin und besuche die Abschlussklasse der Sophie-Scholl-Realschule in Potsdam. Seit ich mit sieben Jahren angefangen habe, mein Sparschwein mit Münzen zu füttern, haben Banken für mich einen ganz besonderen Reiz. Inzwischen weiß ich, dass nicht die Geschenke am Weltspartag, sondern die Zinsen, die das Geld bringt, viel wichtiger sind. Das würde ich den Menschen gerne vermitteln und außerdem denen, die mit Beklemmung an ihre Finanzen denken, ihre Angst vor Geldangelegenheiten nehmen."

Kandidat 5: „Hallo! Ich heiße Tobias Remmert und bin in der Abiturklasse des Martin-Buber-Gymnasiums. Zwar bin ich im Rechnen ganz gut, aber zu meinem Verdruss kann das jeder Computer trotzdem schneller. Da dachte ich, ich muss einen Beruf finden, den ein Rechner noch nicht allein machen kann. Am Beruf des Bankkaufmanns finde ich die Aussicht spannend, Kredit- und Finanzkonzepte am Computer zu errechnen, denn ich tüftle gern an solchen Aufgaben herum."

Ein ruhiger, sachlicher Redebeitrag ist absolut in Ordnung.

Wie würden Sie die unterschiedlichen Redebeiträge bewerten? Kandidat 1 hat seine Sache recht gut gemacht. Er hat klar und sachlich – wenn auch nicht sonderlich originell – dargelegt, was ihn bewegt, diesen Beruf zu ergreifen. Als erster Redner in der ganzen Vorstellungsrunde kann er außerdem mit besonderem Wohlwollen rechnen. Schließlich ist es nicht immer ganz einfach, dieser Rolle ohne Stocken und Stottern gerecht zu werden.

Kandidat 2 wird mit seiner ideenlosen Selbstvorstellung wahrscheinlich keine Pluspunkte sammeln. Er wiederholt einfach nur das bereits Gesagte. Das ist zwar einfach, gibt ihm aber kein eigenes Profil und lässt ihn blass und wenig selbstsicher wirken. Gleiches gilt für Kandidatin 3. Eine fantasielose Selbstvorstellung ist eine vertane Chance!

Bloßes Wiederholen bringt keine Pluspunkte.

Sehr gelungen ist der Redebeitrag von Kandidatin 4. Sie durchbricht die Kette von Wie-bereits-gesagt-Beiträgen und bringt neue, originelle Aspekte ein, auch wenn ihre Motivation, Bankkauffrau zu werden, sich letztlich nicht von der ihrer drei Vorredner unterscheidet.

Originalität wird honoriert.

Ebenfalls gelungen ist die Selbstvorstellung von Kandidat 5. Er legt einen anderen Schwerpunkt: Nicht die Beratung von Menschen, sondern das Austüfteln von Finanzkonzepten ist für ihn die Hauptmotivation für seine Berufswahl.

Setzen Sie eigene Schwerpunkte, statt aufzugreifen, was schon gesagt wurde.

TOP 5

Die gelungene Selbstvorstellung

❶ **Worte zurechtlegen:** Überlegen Sie sich vorher, was Sie sagen möchten, und halten Sie sich an dieses Konzept.

❷ **Leitfragen beachten:** Halten Sie sich an die vorgegebenen Fragen.

❸ **Wie-bereits-gesagt-Floskeln vermeiden:** Wiederholen Sie nicht einfach das, was vor Ihnen schon jemand gesagt hat, sondern kleiden Sie Ihre Selbstvorstellung in eigene Worte.

❹ **Stimme senken:** Das können Sie vorher üben. Wer am Schluss eines Satzes die Stimme senkt, wirkt souverän. Wer sie dagegen wie bei einer Frage hebt, klingt, als würde er an sich selbst zweifeln.

❺ **Redezeit nicht überschreiten:** Beachten Sie die vorgegebenen Redezeiten. Nicht wer am längsten redet, sammelt Pluspunkte, sondern wer in kurzer Zeit am meisten sagt.

Einzelaufgaben lösen

Welche Aufgaben man Ihnen im Laufe des Bewerbertags oder Assessment-Centers stellt, kommt ganz auf das Ausbildungsunternehmen und auf den gewählten Beruf an. Häufig sind beispielsweise folgende Aufgaben:

Einzel- und Gruppenaufgaben werden häufig gemischt.

Präsentation: Bei dieser Aufgabe müssen Sie eine kleine Präsentation vorbereiten und halten. Achten Sie bei der Vorbereitung darauf, die Inhalte einfach und klar zu strukturieren.

Den Vortrag gut strukturieren

Wenn Sie Hilfsmittel bekommen – z. B. Folien für einen Tageslichtprojektor oder Stifte für ein Flipchart – schreiben Sie nur wenige Überbegriffe auf, und zwar in ordentlicher Schrift, damit man sie problemlos entziffern kann.

Blickkontakt halten

Beim Vortragen ist der Blickkontakt wichtig. Drehen Sie sich nicht zur Wand oder zum Flipchart, denn dann sieht Ihr Publikum Sie nur von hinten und versteht Sie außerdem nicht gut. Machen Sie sich Notizen auf einem kleinen Extrazettel. Dann brauchen Sie selbst Ihre Folien- oder Flipchartnotizen nicht zur Orientierung, sondern können sich Ihren Zuhörern zuwenden.

Notizen auf Extrazettel

Verkauf oder Kundenberatung: Oft müssen Sie probehalber ein Verkaufsgespräch führen. Die Rolle des Kunden spielt dabei meist ein Vertreter des Unternehmens. Die entscheidende Kernkompetenz ist hier nicht etwa das Reden. Viel wichtiger ist es, zuzuhören und die richtigen Fragen zu stellen. Nur so finden Sie überhaupt heraus, was den vermeintlichen Kunden wirklich interessiert. Dann können Sie ihn auch überzeugen und ihm etwas verkaufen, das zu ihm passt. Übrigens ist es keineswegs gesagt, dass Sie nur Dinge verkaufen müssen, die Ihr potenzieller Ausbildungsbetrieb tatsächlich im Angebot hat. Es kann durchaus sein, dass ein Versicherer Ihre Verkaufsfähigkeiten testet, indem er Ihnen als vermeintlichem Mitarbeiter in einem Reisebüro die Aufgabe erteilt, dem Kunden eine Reise zu verkaufen.

Zuhören und die richtigen Fragen stellen

Besonders knifflig sind Verkaufsgespräche, bei denen Sie Vorgaben bekommen. Diese um jeden Preis einzuhalten, führt häufig nicht zum Ziel.

Manchmal angebracht: über Vorgaben hinwegsetzen

Fallbeispiel Bleiben wir beim Beispiel mit dem Reisebüro. Angenommen, Ihnen wird vorher gesagt, Sie sollten doch möglichst versuchen, die Billigreise nach Thailand an den Mann zu bringen. Höchstwahrscheinlich wird man Ihnen dann aber einen Kunden präsentieren, der daran überhaupt kein Interesse hat. Wer jetzt versucht, um jeden Preis die Billigreise zu verkaufen, wird mit seinem Ansinnen wahrscheinlich Schiffbruch erleiden. Besser ist es, auch hier Fragen zu stellen, genau zuzuhören und sich über die Verkaufsvorgaben hinwegzusetzen. Schlagen Sie dem Kunden beispielsweise etwas anderes aus dem Angebot vor, etwa eine Reise ins Allgäu. Wenn das viel eher seinen Wünschen entspricht, kommen Sie womöglich tatsächlich zu einem Abschluss.

Keine Sorge: Die Abweichung von den Vorgaben bringt Ihnen keine Nachteile: Wer nur versucht, die vorgegebenen Abschlüsse zu tätigen, wird wahrscheinlich überhaupt nichts verkaufen.

Das Unternehmen will Sie testen: Der Schlüssel zu einem Verkaufsabschluss liegt im Erfragen und Erspüren der Kundenwünsche. Wer dann ein dazu passendes Angebot macht – das können Sie dann ruhig erfinden! – hat sein Verkaufstalent bestens gezeigt.

Kundenorientierung unter Beweis stellen

Postkorbübung: Die Postkorbübung ist eine Aufgabe, mit der Sie Ihre Belastbarkeit und Stressresistenz unter Beweis stellen sollen. Unter extremem Zeitdruck werden Sie mit einer ganzen Flut von Aufgaben und Terminen konfrontiert, die Sie alle unsortiert in einem Postkorb oder auf einem Anrufbeantworter vorfinden. Sie müssen diese Aufgaben nun nach ihrer Dringlichkeit beziehungsweise Wichtigkeit sortieren und Vorschläge machen, wie Sie vorgehen würden.

Unter der Lupe: der Umgang mit Stress

Fallbeispiel Sie sollen sich in folgende Situation hineinversetzen: Es ist 17 Uhr und Sie kommen gerade von einem anstrengenden Messebesuch zurück. Morgen müssen Sie noch einmal zu derselben Messe. Sie haben jetzt nur Zeit bis 18 Uhr, um Ihre Post und E-Mails zu sortieren, Ihren Anrufbeantworter abzuhören und sich um die wichtigsten Dinge zu kümmern. Unter den Nachrichten, die Sie vorfinden, sind folgende:
Ein empörter Kunde, dessen eben bei Ihnen gekaufte Maschine nicht funktioniert, verlangt, dass Sie ihn sofort auf seinem Handy zurückrufen. Ebenfalls auf dem Anrufbeantworter ist eine Nachricht, dass Ihre Mutter nach einem Unfall im Malteser-Krankenhaus liegt. Ihr morgiger Gesprächspartner auf der Messe bittet Sie per E-Mail, noch bestimmte Zahlen für ihn herauszusuchen. In Ihrer Eingangspost liegt eine Einladung zum Klassentreffen am nächsten Abend mit einem handschriftlichen Vermerk, ob Sie noch daran denken, die Rede für einen Lehrer vorzubereiten, den Sie zu seinem 25-jährigen Dienstjubiläum ehren wollten. Das hatten Sie tatsächlich völlig vergessen.

Die Postkorbaufgabe wird Ihnen meist schriftlich vorgelegt, manchmal müssen Sie das Ergebnis aber mündlich vortragen. Um es gleich zu sagen: Das ist eine der schwierigsten Aufgaben überhaupt.

Erst das Material sichten, dann entscheiden, was am wichtigsten ist

Selbst machen oder delegieren

Verschaffen Sie sich erst einen Überblick. Überlegen Sie dann, in welcher Reihenfolge Sie die Aufgaben und Termine bewältigen könnten und was womöglich gar nicht. Zugleich sollten Sie überlegen, was sich zeitsparend per Telefon oder E-Mail erledigen lässt und was Sie delegieren können. Eine Musterlösung gibt es selten – denn hinter einzelnen, zunächst sehr dringend erscheinenden Aufgaben, stecken oft Überraschungen.

Fallbeispiel Der Unfall der Mutter entpuppt sich als ein Ereignis, bei dem sie sich nur den Knöchel verstaucht und eine Rippe geprellt hat. Durch einen Anruf bei Ihrem Vater erfahren Sie, dass er mit ihr im Krankenhaus ist und sich um sie kümmert, sodass Ihre Anwesenheit nicht vonnöten ist.

Als Sie versuchen, den empörten Kunden zurückzurufen, läuft dort nur der Anrufbeantworter. Sie sprechen ihm eine kurze Nachricht aufs Band und teilen ihm mit, dass Sie sich morgen um eine Vertretung kümmern, die sich an Ihrer Stelle um die Instandsetzung seiner Maschine kümmert.

Die Lehrerrede stufen Sie als weniger wichtig ein. Zur Not reicht auch ein Blumenstrauß, den Sie morgen auf dem Hinweg besorgen können, und eine sehr kurze Rede, die Sie sich aus dem Stegreif zutrauen. Sie schreiben eine kurze SMS an die Klassenkameraden, dass Sie sich morgen nach der Messe noch darum kümmern oder jemanden finden, der sich darum kümmert – und haben jetzt noch genügend Zeit dafür, die Zahlen für Ihren morgigen Gesprächspartner herauszusuchen.

In der Regel haben geschäftliche Vorgänge Vorrang.

Bei Postkorbaufgaben sind häufig private und geschäftliche Anlässe gemischt. Bei vergleichsweise belanglosen privaten Dingen – etwa der Rede für das Jubiläum – kann der Arbeitgeber erwarten, dass Sie geschäftlichen Anliegen den Vorrang geben.

Sie müssen sich aber nicht verbiegen: Wenn Sie sich etwa vorstellen sollen, ein enges Familienmitglied hätte einen schweren Unfall gehabt, dann ist doch klar, dass Sie diesem privaten Ereignis eine hohe Priorität einräumen. Wichtig ist nur, dass Sie nicht – um bei unserem Beispiel zu bleiben – sofort ankündigen, persönlich ins Krankenhaus zu fahren. Finden Sie lieber vorab durch ein Telefonat heraus, wie schlimm die Mutter wirklich verletzt ist.

Wichtig ist, wie Sie zu Ihren Entscheidungen gekommen sind.

Es ist wichtig, dass Sie in Ihrer mündlichen Präsentation Ihre Schritte begründen, z. B.: Warum habe ich den empörten Kunden zuerst zurückgerufen? Welche Überlegungen haben Sie sich dazu

158

gemacht? Welche Anliegen und Interessen haben Sie gegeneinander abgewogen? Dann ist auch eine Vorgehensweise plausibel, die vielleicht nicht der gewünschten Lösung entspricht.

Gruppenaufgaben lösen

Viele Aufgaben, die Ihnen an einem Bewerbertag oder im Assessment-Center gestellt werden, sind Gruppenaufgaben. In einer Gruppe zeigen sich Eigenschaften wie Teamfähigkeit oder Durchsetzungsvermögen am besten. Üblich sind im Assessment-Center vor allem folgende Gruppenaufgaben:

Teamfähigkeit und Durchsetzungsvermögen

Gruppendiskussion: Zu einem vorgegebenen Thema sollen Sie in der Gruppe diskutieren. Meist werden dazu Kleingruppen mit maximal fünf bis sechs Personen gebildet. Eine oder mehrere Unternehmensvertreterinnen oder -vertreter beobachten Sie dabei. Wichtig ist, dass Sie nicht stumm bleiben, aber auch das Wort nicht ständig an sich reißen. Äußern Sie Ihre Meinung überzeugend und versuchen Sie, Argumente für Ihre Haltung zu finden. Sie sollten nicht laut werden – ein Streit bringt niemandem Pluspunkte ein.

Beteiligen Sie sich rege, aber schneiden Sie niemandem das Wort ab.

Bei sehr gegensätzlichen Positionen ist Zuhören und Nachfragen die richtige Strategie. Damit können Sie die Meinung anderer genau erfragen. Zugleich entsteht ein angenehmes Gesprächsklima, wenn sich die Gegenseite verstanden fühlt. Wer anschließend ein Gegenargument äußert, kann sich dann sicher sein, auch ernst genommen zu werden. Übrigens sollten Sie – und sei die Debatte auch noch so erhitzt – niemandem ins Wort fallen und andere ausreden lassen. Wenn ein Teilnehmer oder eine Teilnehmerin sich allerdings zu viel Redezeit herausnimmt, dürfen Sie diese Person durchaus einmal unterbrechen.

Gezieltes Nachfragen sorgt für Sachlichkeit und gegenseitigen Respekt.

Ein fairer Schlagabtausch ist erwünscht.

Gemeinsame Problemlösung und Präsentation: Oft sollen Sie in einer Kleingruppe gemeinsam ein Problem lösen, das sich im Arbeitsalltag stellen könnte. Anschließend muss eine Person aus der Gruppe die erarbeitete Lösung in der großen Runde aller Teilnehmer und Unternehmensvertreter präsentieren. Am besten ist es, Sie sorgen von Anfang an für eine klare Aufgabenverteilung.

Aufgaben klar verteilen

- Wer erledigt welche Teilaufgabe?
- Wer schreibt mit?
- Wer präsentiert am Schluss die Ergebnisse?

Trauen Sie sich etwas zu

Wer keine Angst hat, vor Publikum zu reden, sollte sich ruhig freiwillig melden, wenn es darum geht, vor versammelter Mannschaft die Ergebnisse vorzustellen. Damit können Sie Pluspunkte sammeln. Eine gerechte Aufteilung – jeder präsentiert ein Teilergebnis – kann aber auch eine gute Lösung sein. Falls Ihnen die freie Rede vor mehreren Menschen schwerfällt, tun Sie sich keinen Zwang an. Melden Sie sich gar nicht erst für diese Aufgabe, wenn Sie befürchten, ins Stocken zu geraten oder mit hochrotem Kopf vor Ihrem Publikum zu stehen.

Die eigene Position überzeugend vertreten und sich zugleich kompromissbereit zeigen

Rollenspiele: Mehrere Bewerberinnen oder Bewerber bekommen eine Szene vorgegeben, die sie nachspielen sollen.

Fallbeispiel Drei Bewerber sollen zusammen eine Kundenbeschwerde durchspielen. Bewerber A ist der Käufer einer teuren Kaffeemaschine, die defekt ist. Bewerberin B seine Ehefrau, die ihn bei seiner Beschwerde unterstützen soll. Person C ist der Verkäufer, der dem Ehepaar die Kaffeemaschine verkauft hat und sich jetzt der Beschwerde stellen muss. Häufig bekommen einzelne Personen zusätzliche Informationen, die die anderen nicht haben. So werden etwa Bewerber A und Bewerberin B angewiesen, sich erst zufriedenzugeben, wenn der Verkäufer Ihnen eine kostenlose Reparatur und ein Ersatzgerät für die Zwischenzeit anbietet. Bewerber C darf den beiden keine kostenfreie Reparatur vorschlagen, ohne vorher genau zu erfragen, was sie mit der Kaffeemaschine angestellt haben.

Bei Rollenspielen richtig handeln

TOP 5

❶ **Zuhören:** Hören Sie den anderen im Gespräch genau zu und lassen Sie sie möglichst ausreden.

❷ **Nachfragen:** Vermeiden Sie Missverständnisse durch gezieltes Nachfragen.

❸ **Perspektive wechseln:** Versuchen Sie, sich in die anderen hineinzuversetzen und ihre Argumente zu verstehen.

❹ **Argumente anführen:** Geben Sie Ihre eigene Position nicht auf, wenn Sie von ihr überzeugt sind. Begründen Sie sie aber gut.

❺ **Lösungen finden:** Bieten Sie den anderen, wenn möglich, einen Kompromiss an, der für alle Seiten akzeptabel ist.

Auswahlgespräch

Während eines Auswahltags müssen Sie meist einem Gremium aus zwei bis vier Personen im Einzelgespräch Rede und Antwort stehen. Das Auswahlgespräch ähnelt einem Vorstellungsgespräch. Es erwarten Sie also vor allem Fragen zu

Lesen Sie zur Vorbereitung auf das Auswahlgespräch das Kapitel „Vorstellungsgespräch" (→ S. 163 ff.) genau.

■ Ihrer Motivation, den gewählten Beruf zu erlernen,
■ den Gründen, warum sie sich gerade bei diesem Unternehmen beworben haben,
■ Ihren Stärken und Schwächen,
■ Ihren Hobbys,
■ Ihren Zukunftsplänen.

→ S. 12–18

Pausen

Ein Bewerbertag oder Assessment-Center erstreckt sich oft über einen ganzen Werktag. Selbstverständlich gibt es dabei auch Pausen. In der Mittagspause werden Sie vielleicht in die Kantine eingeladen oder von einem Catering-Service versorgt. Daneben gibt es üblicherweise Kaffee- oder Teepausen. Achten Sie dabei auf Ihre Tischmanieren, um nicht unangenehm aufzufallen.

Achtung: Die Pausen sind nicht das, als was sie daherkommen! Seien Sie sich bewusst, dass Sie weiterhin unter Beobachtung stehen. Gerade Soft Skills wie Kontaktfreudigkeit und Kommunikationsfähigkeit werden hier in einer „natürlichen" Situation getestet. Verziehen Sie sich also nicht mit Ihrem Handy in eine ungestörte Ecke, um schnell ein paar SMS zu schreiben, sondern suchen Sie lieber das Gespräch mit anderen.

Achten Sie auf Tischmanieren!

Schotten Sie sich nicht ab. Kommen Sie ins Gespräch mit den anderen Bewerbern.

TOP 5

Mögliche Small-Talk-Themen

❶ **Das Wetter:** Darüber unterhält sich fast jeder gern.
❷ **Einzelheiten zur Anfahrt:** Fragen Sie andere, wie sie angereist sind, oder erzählen Sie eine Anekdote zu Ihrer eigenen Anfahrt.
❸ **Vorlieben, Hobbys und Interessen:** Erst nachfragen, dann selbst erzählen. So kommt schnell ein Gespräch in Gang.
❹ **Kurioses:** Berichten Sie Interessantes, das Sie gelesen oder erfahren haben, z. B. Forschungs- oder Umfrageergebnisse.
❺ **Aktuelle Nachrichten aus der Gesellschaft:** Wählen Sie hier unverfängliche Themen.

Verabschiedung

Wie geht es weiter?

Manchmal erfahren Sie schon am Schluss des Bewerbertags oder Assessment-Centers, ob Sie einen Ausbildungsplatz bekommen oder nicht. In diesem Fall wird man Ihnen unter vier Augen eine entsprechende Lehrstelle anbieten. Dann sollten Sie sich in erster Linie darüber freuen, sich bedanken und nach dem weiteren Ablauf fragen:

- Wann erhalten Sie den schriftlichen Ausbildungsvertrag?
- Bis wann müssen Sie ihn unterschrieben zurücksenden?
- Wann ist der erste Arbeitstag und um welche Uhrzeit sollen Sie wo erscheinen?

Machen Sie sich aber nicht allzu viele Gedanken, wenn Sie nicht gleich am Auswahltag ein Ausbildungsangebot bekommen. Es ist die Regel, dass Sie erst später schriftlich benachrichtigt werden.

Signalisieren Sie noch einmal Ihr Interesse an der Ausbildungsstelle.

In jedem Fall sollten Sie sich höflich verabschieden. Dabei können Sie ruhig noch einmal sagen, dass Sie sich sehr über eine Lehrstelle freuen würden. Bedanken Sie sich für den interessanten Tag und für den freundlichen Empfang, den man Ihnen bereitet hat. Damit machen Sie am Schluss noch einmal einen guten Eindruck.

Profi**TIPP**

Seien Sie ganz Sie selbst

Ob es etwas bringt, sich in allen Einzelheiten auf Bewerbertag oder Assessment-Center vorzubereiten, darf bezweifelt werden. Viele der Aufgaben sind individuell zugeschnitten und wiederholen sich nicht unbedingt. Wenn die Arbeitsagentur Kurse zur Vorbereitung anbietet, können Sie teilnehmen, um sich darauf einzustellen, was auf Sie zukommen kann. Das hilft Ihnen auch dabei, Ihre Nervosität in den Griff zu bekommen.

Der wichtigste Tipp für Bewerbertag oder Assessment-Center lautet aber: Seien Sie ganz Sie selbst. Verstellen Sie sich nicht. Spielen Sie niemandem etwas vor. Rücken Sie Ihre Stärken ins rechte Licht und gehen Sie ehrlich mit Ihren Schwächen um, ohne aber von sich aus darauf aufmerksam zu machen oder sie gar in den Vordergrund zu stellen. Dann haben Sie bessere Chancen, als wenn Sie bis zur Erschöpfung üben und krampfhaft versuchen, den vermeintlichen Erwartungen des potenziellen Arbeitgebers in jedem einzelnen Punkt gerecht zu werden.

Das Vorstellungs-gespräch

Das gängigste Verfahren zur Bewerberauswahl ist das Vorstellungsgespräch. Es ist bei großen und bei kleinen Unternehmen üblich. Wenn Ihre schriftliche Bewerbung die Verantwortlichen überzeugt hat und Sie nicht bereits zum Einstellungstest, Bewerbertag oder Assessment-Center gebeten wurden, werden Sie in aller Regel zu einem Vorstellungsgespräch eingeladen.

Standardverfahren bei mittelständischen und kleinen Betrieben

10.1 Einladung und Terminbestätigung

Die Einladung kommt meist per Post. Den Termin sollten Sie auf jeden Fall persönlich bestätigen. Rufen Sie unter der angegebenen Durchwahl an.

Termin bestätigen

Fallbeispiel
Personalchefin: „Martha Schneider, König & König Landmaschinen GmbH."
Bewerberin: „Guten Tag, hier spricht Lisa Kamphausen. Sie hatten mir eine Einladung zum Vorstellungsgespräch geschickt und ich möchte Ihnen bestätigen, dass ich gerne zum angegebenen Termin komme."
Personalchefin: „Frau Kamphausen. Wunderbar! Dann sehen wir uns demnächst."
Bewerberin: „Ja genau, ich freue mich darauf."
Personalchefin: „Ich danke Ihnen für Ihren Anruf."
Bewerberin: „Und ich danke Ihnen für die Einladung. Bis dann, auf Wiederhören!"

Auf eine E-Mail-Einladung sollten Sie auf jeden Fall antworten.

Wenn Sie die Einladung per E-Mail erhalten, sollten Sie ebenfalls eine Rückmeldung geben, auch wenn das nicht ausdrücklich verlangt wird. Denn der Absender oder die Absenderin kann sich nicht darauf verlassen, dass Sie die E-Mail bekommen und gelesen haben. Schreiben Sie beispielsweise folgenden Text in Ihre Bestätigungs-E-Mail:

> Sehr geehrter Herr Schröder,
>
> vielen Dank für Ihre Einladung zum Vorstellungsgespräch. Gerne komme ich wie vorgeschlagen am 7. Mai 2013 um 15:00 Uhr in Ihren Betrieb. Ich freue mich auf unser Treffen!
>
> Mit freundlichen Grüßen
>
> Lennart Koch

Rufen Sie zurück, wenn der Betrieb Sie nicht persönlich erreicht hat.

Seltener, aber ebenfalls nicht ausgeschlossen, ist eine Einladung per Telefon. Wenn der Anrufer oder die Anruferin Sie persönlich nicht erreicht hat, sondern mit Ihren Eltern oder Geschwistern gesprochen hat, sollten Sie sich selbst noch einmal telefonisch mit dem Unternehmen in Verbindung setzen. Bestätigen Sie den Termin und sagen Sie, dass Sie sich über die Einladung freuen und gerne kommen werden.

Was tun, wenn der Termin nicht passt?

Ein Vorstellungstermin hat Vorrang.

Einem Vorstellungsgespräch sollten Sie höchste Priorität einräumen und den Termin möglichst nicht verschieben. Lieber lassen Sie einen Arzttermin ausfallen oder Sie verzichten auf eine Trainingsstunde. Auch in der Schule können Sie nachfragen, ob man Sie für diese Zeit vom Unterricht befreit.

Terminverschiebung ist kein Tabu.

Dennoch kann es sein, dass der Termin für Sie ausgesprochen ungünstig liegt, etwa wenn Sie am gleichen Tag in der Schule eine Prüfung absolvieren müssen. Rufen Sie in solchen Fällen am besten beim Unternehmen an und bitten Sie um einen Alternativtermin. Denken Sie aber daran, dass die Person am anderen Ende der Leitung in aller Regel nicht sofort weiß, wer Sie sind und zu welchem Termin sie Sie eingeladen hat. Das sollten Sie berücksichtigen, etwa so wie es der Bewerber im folgenden Beispiel macht.

Fallbeispiel

Firmenchef: „Bergmann und Söhne, Martin Bergmann."

Bewerber: „Guten Tag, Herr Bergmann. Mein Name ist Tim Seiler. Herr Bergmann, ich freue mich sehr über Ihre Einladung zum Vorstellungsgespräch. Es gibt nur ein kleines Problem: Ich kann zum angegebenen Zeitpunkt nicht kommen, weil ich da Nachmittagsunterricht habe und eine Klassenarbeit schreibe."

Firmenchef: „Ach so – ja dann müssen wir einen anderen Termin finden. Lassen Sie mich in meinem Kalender nachsehen. Wann waren Sie noch mal eingeladen?"

Bewerber: „Am Mittwoch, dem 7. April um 14:00 Uhr."

Firmenchef: „Wie wäre es stattdessen mit dem darauffolgenden Freitag, ebenfalls 14:00 Uhr?"

Bewerber: „Ich fürchte, da kann ich auch nicht. Geht vielleicht der darauffolgende Montag? Da habe ich den ganzen Nachmittag frei."

Firmenchef: „Ja, das geht. Dann allerdings erst um 15:00 Uhr. Ist das für Sie in Ordnung?"

Bewerber: „Wunderbar! Ich freue mich, Sie dann zu sehen! Vielen Dank und auf Wiedersehen."

Firmenchef: „Bitte. Auf Wiedersehen!"

10.2 Die richtige Vorbereitung

Wer sich auf das Vorstellungsgespräch richtig vorbereitet, hat gute Chancen, einen Ausbildungsplatz zu bekommen. Bereiten Sie sich inhaltlich gut vor, aber machen Sie sich auch Gedanken über Ihr äußeres Erscheinungsbild.

ProfiTIPP

Der erste Eindruck zählt (mit)!

Ein gepflegtes Erscheinungsbild ist ein Muss beim Vorstellungsgespräch, und das bezieht sich nicht nur auf die Wahl der richtigen Kleidung. Auch ein gepflegter Haarschnitt, ein sauberer, angenehmer Geruch, eventuell ein dezentes Make-up oder eine gründliche Rasur gehören dazu. Zum Vorstellungsgespräch entsprechen die Empfehlungen zu Kleidung und äußerem Erscheinungsbild dem, was auch für Bewerbertage und Assessment-Center gilt (→ S. 148 f.).

Selbstverständlich umfasst die Vorbereitung mehr als die Frage nach Ihrem Äußeren. Sie sollten sich auch überlegen, wie Sie sich geben und was Sie sagen. Schließlich müssen Sie Ihren potenziellen Ausbildungsbetrieb im direkten Gespräch von Ihrer Eignung überzeugen. Zur Vorbereitung jedes einzelnen Vorstellungsgesprächs nehmen Sie sich folgende Unterlagen vor:

Unternehmensinfos, Einzelheiten zum Berufsziel und die eigene Bewerbung dienen der Vorbereitung.

- die Informationen, die Sie über das betreffende Unternehmen gesammelt oder im Internet gefunden haben,
- die Informationen, die Sie über Ihr angegebenes Berufsziel zusammengetragen haben oder im Internet abrufen können unter www.berufenet.arbeitsagentur.de, und
- eine Kopie der Bewerbung, die Sie an das betreffende Unternehmen gesendet haben.

Schauen Sie sich Ihre Bewerbung, vor allem das Anschreiben, noch einmal genau an.

Besonders Ihre eigenen Bewerbungsunterlagen sind für die Vorbereitung wichtig. Denn seit dem Versand Ihrer schriftlichen Bewerbung können gut und gerne einige Wochen vergangen sein. Da ist es normal, dass Sie sich nicht mehr an jede einzelne Angabe erinnern, die Sie in Ihrem Anschreiben oder Lebenslauf gemacht haben. Im Vorstellungsgespräch werden Sie aber mit hoher Wahrscheinlichkeit nach Dingen gefragt, zu denen Sie auch schon etwas in Ihrer schriftlichen Bewerbung geschrieben haben. Lesen Sie Ihre Bewerbung vor dem Vorstellungsgespräch deshalb noch einmal genau durch. Es geht darum, Angaben zu vermeiden, die im Widerspruch zu Ihrer schriftlichen Bewerbung stehen. Das wäre ausgesprochen unvorteilhaft. Hier ein Beispiel, wie es nicht laufen sollte, wie es in der Praxis aber leider immer wieder vorkommt:

Widersprüche vermeiden

Fallbeispiel Nadine Schmitts Lieblingsfächer in der Schule sind Englisch und Französisch. In der schriftlichen Bewerbung hat sie aber nur Französisch angegeben, weil sie weiß, dass die betreffende Firma besonders viele Geschäfte mit Frankreich macht. Zum Vorstellungsgespräch geht sie, ohne sich ihre Bewerbung noch einmal angesehen zu haben. Bei der Frage nach ihrem Lieblingsfach sagt sie prompt „Englisch". Daraufhin erntet sie einen erstaunten Blick der Personalchefin. Denn in ihrer Bewerbung hat sie ausdrücklich geschrieben, sie wolle besonders gerne für ein Unternehmen arbeiten, bei dem Sie ihre Französischkenntnisse einsetzen kann. Obwohl ihre Angaben in der Bewerbung der Wahrheit entsprechen, hat Nadine jetzt ein Glaubwürdigkeitsproblem.

→ S. 168 ff.

---

*Profi*TIPP

Besonderheiten berücksichtigen
Wenn Sie Ihre schriftliche Bewerbung individuell auf einen Ausbildungsbetrieb zugeschnitten haben, dann sorgen Sie dafür, dass Ihnen diese Besonderheiten beim Vorstellungsgespräch präsent sind. Das sind vor allem:

- Angaben zu Ihren eigenen Lieblingsfächern und Vorlieben, sofern Sie nur das angegeben haben, was zum Betrieb oder Berufsziel passt.
- Angaben zur Frage, warum Sie ausgerechnet bei dem betreffenden Betrieb Ihre Ausbildung machen möchten.

In beiden Punkten sollten sich Ihre Aussagen im Vorstellungsgespräch mit den Angaben in Ihrer schriftlichen Bewerbung decken.

Rufen Sie sich also die wichtigsten Fakten noch einmal ins Gedächtnis: zum Unternehmen, zum gewünschten Berufsziel und zu den Angaben in Ihrer Bewerbung. Das ist die Grundlage Ihrer Vorbereitung.

Lernen Sie dann noch den üblichen Ablauf kennen und stellen Sie sich auf die Situationen und Fragen ein, die Sie erwarten. Dann haben Sie beste Voraussetzungen, das Vorstellungsgespräch souverän zu meistern.

Wenn Sie wissen, was Sie erwartet, sind Sie weniger nervös.

---

*Profi*TIPP

Anfahrt planen
Zur Vorbereitung gehört auch die Planung der Anfahrt. Das ist umso wichtiger, je weiter der Ausbildungsbetrieb von Ihrem Zuhause entfernt liegt oder je komplizierter die Anreise ist. Wenn Sie mit Bus, Zug, Straßenbahn, U- oder S-Bahn anreisen, verlassen Sie sich nicht auf die letztmögliche Verbindung, sondern planen Sie etwas Zeitpuffer ein. Gleiches gilt für die Anfahrt mit dem Fahrrad oder Mofa oder für etwas längere Fußstrecken. Sie sollten nicht nass geschwitzt und völlig außer Atem ankommen und eine Verspätung sollten Sie schon gar nicht riskieren, denn das würde Ihre Chancen von vornherein verringern.

10.3 Der Ablauf

Ein Vorstellungsgespräch folgt meistens einem bestimmten Muster. Machen Sie sich damit vertraut. Das hilft Ihnen dabei, Ihre Nervosität in den Griff zu bekommen. Keine Sorge: Sie werden nicht sofort nach Ihrem Eintreffen mit komplizierten Fragen überhäuft.

Bevor es losgeht

Kaffee, Tee, Wasser – das sind die üblichen Getränke.

In der Regel führt jemand Sie zunächst in den Raum, in dem das Vorstellungsgespräch stattfinden wird. Dort können Sie Ihre Jacke ablegen und sich setzen. Dann wird man Ihnen wahrscheinlich ein Getränk anbieten. Dieses Angebot dürfen Sie ruhig annehmen – üblich sind Kaffee, Tee oder Mineralwasser, manchmal auch Orangensaft oder sonstige Fruchtsäfte. Mit Saft sollten Sie vorsichtig sein: Die Fruchtsäure schlägt oft auf die Stimmbänder. Wenn Sie hier empfindlich sind, fragen Sie lieber nach einem Wasser.

Rauchen und Alkohol sind tabu.

Ausgefallene Wünsche, etwa nach einem speziellen Fruchtsaft, sollten Sie nicht äußern, und schon gar nicht um ein Bier oder sonstiges alkoholhaltiges Getränk bitten. Raucher erkundigen sich während des Gesprächs besser nicht nach einer Rauchgelegenheit. Das macht keinen guten Eindruck und außerdem herrscht in den meisten Betrieben aufgrund gesetzlicher Bestimmungen ohnehin ein Rauchverbot.

Begrüßung und einleitender Small Talk

Ihre Gesprächspartner: eine bis drei Personen

Beim Vorstellungsgespräch treffen Sie auf eine oder auf mehrere Personen. In kleineren Betrieben ist das oft der Firmenchef beziehungsweise die Firmenchefin oder die Person, die speziell für die Azubis zuständig ist.

Begrüßen Sie die Anwesenden mit Handschlag und einem Lächeln.

Warten Sie, bis Ihr Gesprächspartner Ihnen die Hand reicht.

In größeren Unternehmen müssen Sie sich den Fragen von bis zu drei Personen stellen. Oft ist zusätzlich zum Chef und zum Ausbilder der oder die Personalverantwortliche mit von der Partie. Ihre Gesprächspartner werden sich mit ihrem Namen vorstellen und Sie in aller Regel mit Handschlag begrüßen. Während Sie ihnen die Hand reichen, sollten Sie ihnen in die Augen schauen. Lächeln Sie, das sorgt für eine freundliche und angenehme Gesprächsatmosphäre und hilft Ihnen auch selbst dabei, ruhig zu werden.

*Profi***TIPP**

Namen merken

Meist nennen Ihre Gesprächspartner bei der Begrüßung bereits ihre Namen. Diese sollten Sie sich merken und ruhig nachfragen, wenn Sie etwas nicht richtig verstanden haben. Umgekehrt sagen Sie auch, wie sie heißen, selbst wenn Sie davon ausgehen dürfen, dass die Beteiligten Ihren Namen durch ihre Bewerbung schon kennen. Üblicherweise sagen Sie sowohl Ihren Vor- als auch den Zunamen.

Zu Beginn werden die Anwesenden Sie meist in einen Small Talk verwickeln, also in ein unverfängliches, kleines Gespräch. Vielleicht fragt man Sie, ob Sie gut hergefunden haben oder ob Sie eine angenehme Anfahrt hatten. Antworten Sie offen und freundlich. Verlieren Sie sich jedoch nicht in detaillierten Schilderungen, etwa einer chaotischen Anfahrt wegen Zugverspätung. Es handelt sich wirklich nur um ein Aufwärmgespräch. Es soll Ihre Nervosität eindämmen, darf aber nicht viel Zeit in Anspruch nehmen. **Ein Small Talk hilft beim Einstieg.**

Achten Sie während des gesamten Vorstellungsgesprächs auf Ihre Körpersprache. Zwar ist es nicht sinnvoll, sich bestimmte Gesten anzutrainieren – das wirkt oft gekünstelt. Es gibt aber durchaus Empfehlungen, die Sie beachten sollten, um nicht unsicher, gelangweilt oder überheblich zu wirken: **Achten Sie auf Ihre Körpersprache.**

- Halten Sie Blickkontakt zu allen Anwesenden, während Sie mit ihnen sprechen. Wer den Blicken anderer ausweicht, wirkt unsicher. **Blickkontakt halten**
- Verdecken Sie nicht einen Teil Ihres Gesichts mit der Hand. Wer das tut, wirkt ebenfalls alles andere als selbstbewusst. **Gesicht nicht verdecken**
- Stützen Sie Ihr Kinn oder Ihre Wange auf keinen Fall auf der Handfläche auf. Das wirkt äußerst gelangweilt, wenn nicht sogar schläfrig.
- Verschränken Sie die Arme nicht vor Ihrem Körper. Das wirkt zugleich ablehnend und unsicher.
- Stützen Sie die Ellenbogen nicht auf der Tischplatte auf.
- Halten Sie Ihre Hände ruhig. Wer unablässig seine Finger massiert, sich die Hände reibt oder mit einem Gegenstand herumspielt, offenbart nur, wie nervös er ist. **Die Hände sollten sichtbar sein.**
- Die Hände legen Sie am besten ruhig auf die Tischplatte vor sich, entweder mit verschränkten Fingern oder einfach übereinander.

- Wenn Sie keinen Tisch vor sich haben, legen Sie die Hände auf Ihre Oberschenkel oder verschränkt in Ihren Schoß.
- Sie müssen Ihre Hände nicht krampfhaft ruhig halten, wenn Sie selbst sprechen. Sie können Ihre Aussagen durchaus mit einer passenden Gestik unterstützen.

Leicht vorgebeugt sitzen

- Setzen Sie sich richtig auf Ihren Stuhl und nicht nur auf die vorderste Kante. Das wirkt, als hätten Sie Angst und würden bei nächster Gelegenheit die Flucht ergreifen.
- Beugen Sie sich nach vorn und lehnen Sie sich nicht zurück. Wer zurückgelehnt auf seinem Stuhl sitzt, wirkt teilnahmslos, passiv und desinteressiert.
- Setzen Sie sich nicht breitbeinig auf Ihren Stuhl. Das wirkt schnell überheblich.
- Stellen Sie die Beine parallel nebeneinander oder schlagen Sie sie übereinander. Aber Achtung: Beim Überschlagen nicht verkrampfen!

Vorstellung des Unternehmens

Hören Sie bei der Unternehmens-vorstellung aufmerksam zu!

Bevor es um Sie geht, werden die Anwesenden Ihnen in aller Regel zunächst das Unternehmen vorstellen. Nur kleinere Firmen, etwa lokale Handwerksbetriebe, verzichten auf eine solche Präsentation, wenn sie davon ausgehen, dass Ihnen die wichtigsten Fakten bereits bekannt sind. Achtung: Während der Unternehmensvorstellung haben Sie keine Pause!

ProfiTIPP

Interesse signalisieren

Lehnen Sie sich nicht bequem in Ihrem Stuhl zurück, sondern hören Sie aufmerksam zu und signalisieren Sie Ihr Interesse auch mit Ihrer Körpersprache. Sitzen Sie aufrecht oder leicht vorgebeugt. Nicken Sie mit dem Kopf als Zeichen, dass Sie die Informationen verstanden haben. Auch kleine Zwischenbemerkungen wie „Aha!" oder „Interessant" sind angebracht, wo sie nicht gekünstelt wirken. Selbstverständlich ist auch die eine oder andere Rückfrage erlaubt.

Fragen an Sie

Bereiten Sie sich anhand der typischen Fragen vor.

Nach dem einleitenden Teil müssen Sie sich den Fragen Ihrer Gesprächspartner stellen. Eine Reihe von Fragen taucht typischerweise in fast jedem Vorstellungsgespräch auf.

| Praxis**TIPP** | Die wichtigsten Fragen beim Vorstellungsgespräch |

■ Können Sie Ihren Lebenslauf kurz für uns zusammenfassen?

Das ist oft die erste Frage, und sie ist erstaunlich knifflig für alle, die sich nicht darauf vorbereitet haben. Es geht nämlich nicht um Vollständigkeit, sondern darum, das Unwichtige aus Ihrem Lebenslauf wegzulassen und nur das Wichtige zu nennen. Unwichtig ist in diesem Zusammenhang, was nichts mit Ihrer Berufswahl, Ihren Neigungen oder Qualifikationen für den gewünschten Beruf zu tun hat. Wichtig ist dagegen, warum Sie gerade diesen Beruf ergreifen möchten oder was genau Sie für die Ausbildung qualifiziert.

Ein schlechtes Fallbeispiel: Robin Keller möchte Kfz-Mechatroniker werden. Er gibt auf die Frage nach seinem Lebenslauf diese Antwort: „Ich bin hier in Dortmund geboren und bis 2007 in die Zeche-Zollern-Grundschule gegangen. Meine Mutter ist die Krankenschwester Marianne Meier geborene Schulz und mein Vater der Berufskraftfahrer Eckart Meier. Jetzt bin ich in der Abschlussklasse der Deister-Realschule und mache demnächst meine Abschlussprüfung."

Ein gutes Fallbeispiel: „Gerade bin ich in der 10. Klasse der Emscher-Lippe-Gesamtschule hier in Dortmund und stehe kurz vor meinem Abschluss. Mein Lieblingsfach ist Technik, aber auch in Physik bin ich ganz gut. Ich bin ein praktisch veranlagter Mensch. Meine Leidenschaft für Autos habe ich von meinem Vater. Er ist Berufskraftfahrer und wir haben oft in seiner Freizeit an Autos oder Lkws herumgebastelt. Das ist auch der Grund, warum ich mir wünsche, Kfz-Mechatroniker zu werden."

■ Warum haben Sie sich entschieden, ausgerechnet … zu werden?

Auf diese Frage sollten Sie nicht antworten, dass das angegebene Berufsziel einfach nur das Ergebnis langer Beratungsgespräche und Einstufungstests bei der Arbeitsagentur war. Ein bisschen Begeisterung für die angestrebte Tätigkeit sollten Sie schon zeigen. Nennen Sie das, was den Beruf aus Ihrer Sicht interessant macht. Aber Achtung: Damit sind weder die guten Verdienstaussichten noch die angenehme Arbeitsumgebung gemeint. Vielmehr sollten Sie einen Bezug zwischen der künftigen Tätigkeit und Ihren Neigungen oder Fähigkeiten herstellen.

Ein schlechtes Fallbeispiel: Anne Müller hat sich bei einer Stadtmarketing-Gesellschaft für eine Ausbildung zur Veranstaltungskauffrau beworben und antwortet auf diese Frage: „Eine Arbeit, bei der ich nur sitzen und immer nur an einem Ort arbeiten muss, ist nichts für mich. Als Veranstaltungskauffrau kommt man viel rum, kriegt viel zu sehen und besucht eine Menge interessanter Veranstaltungen. Da dachte ich, das könnte das Richtige für mich sein."

Ein gutes Fallbeispiel: „Ich organisiere gerne. Das geht schon damit los, dass ich mich bei den Klassenfahrten und -ausflügen immer mit Begeisterung um die Reisemöglichkeiten und Unterkünfte gekümmert habe. Die Lehrer haben sich da auf meine Hilfe verlassen. Auch in meinem Sportverein habe ich beim Sommer- oder Gemeindefest oft tatkräftig mitgeholfen. Nicht nur, indem ich hinter der Theke Würstchen gebraten und Leute bedient habe. Sondern ich habe es auch geschafft, Freiwillige zu mobilisieren und für die verschiedenen Aufgaben einzuteilen. Ich denke schon seit einer Weile: So etwas möchte ich auch gerne beruflich machen."

■Was sind Ihre Lieblingsfächer in der Schule?

Nennen Sie möglichst Fächer, in denen Kenntnisse vermittelt werden, die Sie auch in Ihrem Ausbildungsberuf brauchen. Ein Fach, in dem Sie eine ausgesprochen schlechte Note haben, sollten Sie aber nicht angeben. Wenn Ihr Zeugnis nicht gerade blendend ist, dann ist es durchaus legitim zu sagen, dass Ihnen die Praxis lieber ist als die Theorie und dass Sie sich deswegen auf einen Ausbildungsberuf beworben haben, bei dem die Praxis im Vordergrund steht.

■Welche Schulfächer mögen oder mochten Sie weniger gerne?

Fassen Sie sich bei dieser Frage kurz. Lästern Sie weder über Schulstoff noch über Lehrer. Schauen Sie sich vorher außerdem an, welche Lerninhalte bei Ihrem gewünschten Beruf keine große Rolle spielen. Ein solches Fach können Sie gefahrlos nennen, ohne dass Ihnen jemand eine Qualifikation abspricht, die Sie für Ihr Berufsziel unbedingt brauchen.

> Eine **akzeptable Antwort** wäre beispielsweise: „Mathe liegt mir nicht so sehr. Ich bin eher sprachlich begabt."
>
> Das sollten Sie allerdings nur antworten, wenn mathematische Fähigkeiten nicht ausgerechnet zum Anforderungsprofil des angestrebten Berufs gehören.

■Warum glauben Sie, dass Sie für diesen Ausbildungsplatz qualifiziert sind?

Entscheidend bei der Antwort auf diese Frage ist auch, dass Sie Belege aus Ihrem Leben anführen können. Überlegen Sie sich vorher: Welches Ihrer Hobbys, welche Freizeitbeschäftigung oder welche schulische Leistung offenbart, dass Sie die Tätigkeiten im angestrebten Beruf wahrscheinlich gut und gerne verrichten können? Das ist viel überzeugender als mit den Testergebnissen aus der Berufswahlorientierung aufzuwarten.

> **Ein schlechtes Fallbeispiel:** Malte Rosner möchte Tierpfleger werden. Auf die Frage nach seiner Qualifikation antwortet er: „Im Test der Arbeitsagentur war Tierpfleger einer der Berufe, die übrig blieben, nachdem ich die Fragen zu meinen Neigungen, Interessen und Fähigkeiten beantwortet hatte."

> **Ein gutes Fallbeispiel:** „Wir haben immer Hunde gehabt – genauer gesagt zwei Beagles, um die ich mich mit Freuden gekümmert habe. Ich reite auch gerne und bin oft im Pferdestall. Wenn ein Tier krank ist, habe ich einfach das Bedürfnis, mich darum zu kümmern und für das Tier zu sorgen. Als unser Beagle Benny sich an einem Stacheldrahtzaun die Pfote aufgerissen hat, habe ich ihn verarztet und die Wunde täglich gesäubert und verbunden."

■Welche Hobbys haben Sie? Was tun Sie in Ihrer Freizeit? Welche Interessen haben Sie?

Aufgepasst bei diesen Fragen. Denn nicht alles, was Sie als Hobby pflegen, stößt auf das Verständnis des möglichen Arbeitgebers. Computerspiele sollten Sie nicht unbedingt angeben, schon gar nicht, wenn es sich um sogenannte Killerspiele handelt. Aber auch Internetchats oder Simsen sind nicht unbedingt Freizeitbeschäftigungen, mit denen Sie Punkte sammeln. Ideal sind dagegen Neigungen, die auf Ihre Qualifikationen und Soft

Skills (→ S. 147 f.) verweisen, zum Beispiel Fußball als Zeichen für Teamgeist, eine Mitgliedschaft bei der freiwilligen Feuerwehr als Zeichen für Verantwortungsbewusstsein und Risikobereitschaft oder eine Mitgliedschaft im Musikverein als Zeichen für eine musikalisch-künstlerische Begabung, für Kontaktfreude und Teamfähigkeit.

Wenn Sie kein Hobby haben, das direkte Schlüsse auf Ihre mögliche Eignung für den Beruf zulässt, ist das nicht weiter schlimm. Nennen Sie ruhig Interessen, die Ihre Persönlichkeit zum Ausdruck bringen. Vielleicht sammeln Sie ja Versteinerungen? Ein so außergewöhnliches Hobby macht deutlich, dass Sie sich nicht unbedingt um das scheren, was bei Ihren Klassenkameraden gerade angesagt ist. Oder Sie halten sich mit Vorliebe in der freien Natur auf, fahren etwa gerne Mountainbike? Das wirkt sympathisch und zeigt sportlichen Ehrgeiz. So jemandem wird man auch zutrauen, im Beruf Ehrgeiz zu entwickeln.

■ Welche Stärken haben Sie?

Nur keine falsche Bescheidenheit. Sagen Sie, was Sie gut und gerne tun, was Sie können und wahrscheinlich sogar besser können als andere. Gefragt sind nicht nur Schulfächer, sondern auch Stärken, die sich zeigen, wenn Sie mit anderen zusammen sind oder die in Ihren Hobbys zum Vorschein kommen.

Wichtig: Sie sollten Ihre Angaben möglichst auch belegen können – mit Schulnoten, mit Hobbys, Freizeitbeschäftigungen oder Erlebnissen und Erfahrungen aus Ihrem Leben, die auf die entsprechende Stärke verweisen. Wenn Sie Stärken benennen, zu denen Ihnen kein Beispiel aus Ihrem eigenen Erleben einfällt, wirkt das oft unaufrichtig oder prahlerisch.

> Emily Hoffmann will Musikfachhändlerin werden. Bei der Frage nach ihren Stärken gibt sie an: „Ich kann gut mit Menschen umgehen."
>
> Die Person, die das Vorstellungsgespräch führt, hakt nach: „Woraus schließen Sie das?"
>
> **Schlecht wäre jetzt die zögerliche Antwort:** „Na ja, das denke ich halt. Ich habe jedenfalls noch nie gehört, dass jemand etwas anderes über mich gesagt hätte."
>
> **Gut wäre dagegen die Antwort:** „Ich komme schnell mit Menschen ins Gespräch. Das fällt mir besonders leicht, wenn es um das Thema Musik geht. Da hat man ja sofort ein Gesprächsthema. Das ist mir erst neulich wieder passiert, als ich mich nach einem Auftritt im Jugendclub anschließend noch mit ein paar Bandmitgliedern unterhalten habe. Mit der Bassistin habe ich mich sofort angeregt über die neuesten E-Bässe unterhalten."

■ Welche Schwächen haben Sie?

Hemmungslose Ehrlichkeit ist hier nicht zu empfehlen, auch wenn selbstverständlich jeder Mensch seine Schwächen hat und auch haben darf. Passen Sie trotzdem auf, was Sie sagen. Streitsucht, Aggression, Launenhaftigkeit, chronische Unpünktlichkeit oder gar Unzuverlässigkeit sind hier keine geeigneten Antworten. Auch fachliches Unvermögen – etwa eine Schwäche im Rechtschreiben oder Kopfrechnen – sollten Sie nicht unbedingt ausbreiten, zumindest dann nicht, wenn Sie genau diese Fähigkeiten im gewünschten Beruf brauchen. Was Sie aber durchaus angeben dürfen, sind kleinere Schwächen, die sich möglicherweise sogar als Stärken interpretieren lassen.

Ein schlechtes Fallbeispiel: Alexander Hellerbach will Industriekaufmann werden. Auf die Frage nach seinen Schwächen antwortet er: „Ehrlich gesagt bin ich nicht gerade eine Leuchte in Mathematik. Außerdem bin ich nicht so gerne mit anderen Menschen zusammen, sondern arbeite lieber für mich allein. Wenn andere dabei sind, reagiere ich leicht nervös und gereizt."

Einige gute Fallbeispiele: „Ich bin ein ungeduldiger Mensch. Wenn es mit einem Projekt, das ich mir in den Kopf gesetzt habe, nicht schnell genug vorangeht, werde ich unruhig."

„Ich neige zum Perfektionismus. Das ist zwar oft nicht verkehrt, aber manchmal schraube ich meine Ansprüche zu hoch und setze mich dadurch unter Druck. Da müsste ich lernen, dass manchmal auch mit weniger Einsatz ein ganz passables Ergebnis zustande kommt."

„Ich bin nicht gerade gut dabei, mich um mehrere Dinge gleichzeitig zu kümmern. Lieber mache ich mir eine Liste, überlege, welcher der einzelnen Punkte am wichtigsten ist, und arbeite dann eins nach dem anderen ab. Gleichzeitig zu telefonieren, eine E-Mail zu schreiben und dabei noch ein Angebot zu kalkulieren – das ist nicht meine Stärke."

„Ich kann schlecht Nein sagen, wenn man mich um etwas bittet. Das hat dann vor allem unangenehme Folgen für mich selbst, weil ich oft mehr arbeite als andere und im Team mehr mache als die anderen Teammitglieder. Da möchte ich dazulernen."

■ Was schätzen Ihre Eltern, Geschwister oder Freunde Ihrer Meinung nach am meisten an Ihnen?

Diese Frage ist im Grunde nichts anderes als die Frage nach Ihren Stärken. In Vorbereitung auf das Vorstellungsgespräch sollten Sie tatsächlich Ihre Eltern, Geschwister, Freundinnen und Freunde fragen, was sie an Ihnen schätzen oder welche Stärken sie bei Ihnen sehen (→ S. 19 f.). Dann fällt Ihnen die Antwort leicht. Sie können sogar ruhig zugeben, dass Sie sie gefragt haben. Dann wirkt die Antwort umso glaubwürdiger.

■ Gibt es etwas, das Ihre Eltern, Geschwister oder Freunde besonders an Ihnen stört?

Aufgepasst, das ist eine Fangfrage, auch wenn es sich dabei um nichts anderes handelt als um eine abgewandelte Frage nach ihren Schwächen. Aber die Wirkung ist verblüffend: Häufig beantworten Bewerberinnen oder Bewerber diese Frage viel ehrlicher, als wenn man sie direkt nach ihren Schwächen fragt. Auch hier gilt: Plaudern Sie nicht unbefangen über Ihre schlechten Eigenschaften, sondern suchen Sie sich eine vergleichsweise harmlose Schwäche aus.

Schlechte Fallbeispiele: Sarah Krämer berichtet von der heillosen Unordnung in ihrem Zimmer, die die Mutter immer wieder auf die Palme bringt.

Leon Faller erzählt, dass er chronisch unpünktlich sei, worüber sich seine Freundin immer sehr ärgere.

Vanessa Schröter gibt freimütig zu, dass sie sich häufiger mit ihrer Freundin streitet, weil diese meint, sie sei ständig darauf aus, sie auszustechen.

Gute Fallbeispiele: Tim Moser führt an, dass seine Eltern es nicht so gut finden, wenn er zum Tischtennistraining geht, bevor er seine Hausaufgaben gemacht hat.

Julia Martin erzählt, ihr Hang zur Genauigkeit mache viele ihrer Freunde nervös, weil sie deswegen manchmal länger für eine Aufgabe brauche als jemand, der sie weniger gründlich erledige. Aber eine Aufgabe ordentlich zu erledigen und nicht zu schludern, sei ihr wichtig.

Was wissen Sie über unser Unternehmen?

Diese Frage zeigt, dass es entscheidend sein kann, sich vorher eingehend mit dem potenziellen Ausbildungsbetrieb zu beschäftigen. Natürlich ist niemand daran interessiert, dass Sie auswendig herunterbeten, was etwa im Firmenprospekt oder auf der Homepage steht. Die wichtigsten Punkte sollten Sie aber schon wissen: Wer sind die Kunden? Was ist das Spezialgebiet des Unternehmens? Wodurch zeichnet es sich aus? Besonders positiv fällt es auf, wenn Sie Dinge benennen können, die nicht einfach irgendwo nachzulesen sind.

Ein gutes Fallbeispiel: „Ich habe gesehen, wie Sie das Bad meiner Großeltern altersgerecht umgebaut haben. Seitdem weiß ich, was barrierefreies Wohnen ist. Später habe ich dann auch im Internet gelesen, dass sich Ihr Sanitärbetrieb darauf spezialisiert hat."

Warum haben Sie sich ausgerechnet bei uns beworben?

Versuchen Sie Gründe zu finden, warum Ihnen die Ausbildung gerade bei diesem Betrieb am Herzen liegt: Was bietet der betreffende Betrieb, was Sie vielleicht anderswo nicht haben? Dabei sollten aber nicht Argumente wie der kurze Weg zur Arbeit oder die Ausbildung zusammen mit dem besten Kumpel im Vordergrund stehen, sondern die Vorzüge des potenziellen Ausbildungsbetriebs. Rufen Sie sich deshalb vor dem Gespräch die Besonderheiten des Unternehmens ins Gedächtnis.

Ein schlechtes Fallbeispiel: „Weil ich gleich um die Ecke wohne und durch eine Ausbildung bei Ihnen Zeit und Fahrtkosten sparen kann."

Gute Fallbeispiele: „Ein Bekannter von mir hat die Ausbildung bei Ihnen gemacht und Ihren Betrieb sehr gelobt. Er meinte, bei Ihnen lernt man wirklich eine ganze Menge."

„Weil ich besonders gerne in einem Betrieb arbeiten möchte, der sich durch Innovation auszeichnet. Ich fand es spannend, dass Sie im letzten Jahr den hessischen Innovationspreis gewonnen haben. In einem solchen Unternehmen möchte ich gerne meine Ausbildung machen."

„Mir ist die Arbeit im Team wichtig und ich finde es besonders schön, dass bei Ihnen mehrere Auszubildende unter Anleitung gemeinsam an einem Projekt arbeiten."

Was erwarten Sie von Ihrer Ausbildung?

Diese Frage lässt sich häufig leider nur mit Standardfloskeln beantworten. Erwarten dürfen Sie eine gute und fundierte Ausbildung. Das sollten Sie auch sagen. Zusätzlich können Sie auch Ihre Erwartungen an die Zusammenarbeit im Ausbildungsbetrieb nennen.

Gute Fallbeispiele: „Ich möchte lernen, was ein Industriekaufmann können muss, und lege mich sehr gerne ins Zeug, wenn ich im Gegenzug eine gute und fundierte Ausbildung bekomme. Ich wünsche mir eine respektvolle Zusammenarbeit und einen fairen Umgang miteinander."

„Ich gehe fest davon aus, dass die Ausbildung in Ihrem Betrieb sehr gut ist. Was ich mir wünsche, ist, dass ich als Azubi auch schon bald Verantwortung übernehmen darf, wenn Sie mir eine bestimmte Aufgabe zutrauen."

■ Welche beruflichen Erfahrungen haben Sie bereits gesammelt?

Schildern Sie an dieser Stelle Ihre Praktika oder Ferien- und Aushilfsjobs, die Sie in der Vergangenheit ausgeübt haben. Ideal sind natürlich Tätigkeiten, die zu Ihrem angestrebten Beruf passen. Wenn Sie nichts Passendes vorweisen können, dann sagen Sie das ehrlich. Vielleicht können Sie stattdessen etwas anführen, was einer beruflichen Erfahrung gleichkommt.

Ein schlechtes Fallbeispiel: Felix Barton hat sich als Chemielaborant in einer Klinik beworben. Auf diese Frage antwortet er: „Ich habe nur ein Schülerpraktikum im Textilgeschäft meines Onkels gemacht."

Gut dagegen wäre die Antwort: „Ich gebe offen zu: Mein Schülerpraktikum in einem Textilgeschäft war nicht gut gewählt. Das lag mir einfach nicht. Aber später habe ich beim Roten Kreuz immer wieder bei den Blutspendeaktionen mitgeholfen und war dann teilweise auch im Labor bei den Bluttests dabei. Das hat mir Spaß gemacht."

■ Gibt es noch andere Berufe, auf die Sie sich beworben haben?

Hier sollten Sie nicht die ganze bunte Palette der Ausbildungsberufe nennen, die für Sie infrage kommen. Beschränken Sie sich auf ähnliche Berufe. Idealerweise auf solche, mit denen es große Überschneidungen zu dem Ausbildungsberuf gibt, für den Sie sich jetzt vorstellen. Nennen Sie außerdem nur eine oder zwei, nicht aber vier oder fünf Alternativen. Sonst offenbaren Sie unfreiwillig, wie viele Bewerbungen Sie außerdem noch am Start haben.

Beispiele: Wenn Sie Industriekauffrau werden möchten, dann können Sie noch Bürokauffrau, Kauffrau im Groß- und Einzelhandel oder Personaldienstleistungskaufmann angeben.

Wollen Sie beispielsweise Anlagenmechaniker werden, wären Zerspanungsmechaniker, Werkzeugmechaniker oder auch Industriemechaniker gute Alternativen, die Sie angeben können.

Wenn Ihr Traumberuf Mediengestalterin lautet, gibt es beispielsweise Überschneidungen zum Beruf einer Designerin (Foto), einer Grafikerin, einer Fotografin oder einer Schilder- und Lichtreklamenherstellerin.

■ **Welche beruflichen Ziele haben Sie? Wo sehen Sie sich in fünf Jahren? Wie sehen Ihre Zukunftspläne nach der Ausbildung aus?**

Vorsicht, das sind nicht nur Fragen nach Ihrem beruflichen Ehrgeiz! Es geht auch um Ihre Bereitschaft, nach der Ausbildung weiterhin für den Ausbildungsbetrieb tätig zu sein. Das ist ein entscheidendes Einstellungskriterium, denn jede Ausbildung ist für das betreffende Unternehmen zunächst eine Investition. In die Auszubildenden wird Zeit und Geld gesteckt, meist ohne dass diese mit ihrer Arbeitsleistung gleich den entsprechenden Gegenwert erwirtschaften. Aus Sicht des Unternehmens wäre es ein Verlust, wenn Sie sich dort gut ausbilden lassen und gleich im Anschluss wieder weg sind, um Ihre Karriere anderswo fortzusetzen. Das bedeutet für Ihre Antwort: Ihren Ehrgeiz dürfen Sie ruhig kundtun. Vermeiden Sie aber alle Angaben, aus denen ersichtlich wird, dass Sie nach der Ausbildung gleich wieder weggehen wollen.

> **Ein schlechtes Fallbeispiel:** Louisa Liebknecht möchte Mediengestalterin werden. Sie antwortet auf die Frage nach ihren Zukunftsplänen: „Anschließend würde ich am liebsten Grafikdesign studieren und dann bei einer der ganz großen Werbeagenturen arbeiten."

> **Besser wäre folgende Antwort:** „Nach der Ausbildung möchte ich möglichst viel Berufspraxis sammeln, wenn möglich natürlich gerne in Ihrer Agentur. Ich könnte mir langfristig aber durchaus vorstellen, eine berufsbegleitende Weiterbildung zur Gestalterin im Grafikdesign zu machen."

Machen Sie sich neben all diesen Fragen auf die eine oder andere fachliche Frage gefasst. Denkbar wäre beispielsweise eine Frage auf Englisch mit der Bitte, sie auch auf Englisch zu beantworten. Denn auch im Vorstellungsgespräch wird das Unternehmen versuchen, Ihre Qualifikationen – also in unserem Beispiel Ihre Fremdsprachenkenntnisse – zu überprüfen.

Rechnen Sie mit Fachfragen oder Fragen in einer Fremdsprache.

Es kann zudem sein, dass man Ihnen einen kleinen Einstellungstest vorlegt, den Sie zusätzlich zu den Fragen im persönlichen Gespräch schriftlich beantworten müssen. Wie ein solcher Test aussehen könnte, haben Sie in Kapitel 8 gelesen.

Ein schriftlicher Test ist möglich.

Eigene Fragen stellen

Gegen Ende des Vorstellungsgesprächs erhalten Sie meist die Gelegenheit, eigene Fragen zu stellen. Dieses Angebot sollten Sie nutzen, schon deshalb, weil Sie damit echtes Interesse zeigen. Es macht keinen guten Eindruck, wenn man auf den Satz „Haben Sie Ihrerseits noch Fragen?" nur mit dem Kopf schüttelt und stumm bleibt.

Wer eigene Fragen stellt, wirkt interessiert.

Fragen Sie!

❶ Wie genau läuft die Ausbildung in Ihrem Betrieb ab und welche Abteilungen durchlaufe ich als Auszubildende/-r? Kann ich eigene Schwerpunkte setzen? Werde ich auch an anderen Standorten eingesetzt?

❷ Wie viele Auszubildende stellen Sie in diesem Jahr ein? Wie viele Auszubildende waren es im letzten Jahr? Wer ist in Ihrem Betrieb für sie zuständig?

❸ Wo ist die Berufsschule und wie oft findet dort Unterricht statt?

❹ Besteht die Aussicht, nach der Ausbildungszeit übernommen zu werden?

❺ *(Bei Industriebetrieben:)* Gibt es in Ihrem Unternehmen eine Lehrwerkstatt oder werden die Azubis in der laufenden Produktion ausgebildet?

Ergänzende Fragen sind erlaubt.

Aufgepasst: Stellen Sie nur Fragen zu Dingen, die nicht schon vorher – etwa bei der Unternehmensvorstellung – abgehandelt wurden. Wenn Sie aufmerksam zugehört haben, fallen Ihnen vielleicht selbst noch gute Fragen abseits von den oben genannten Beispielen ein, die Sie jetzt klären und mit denen Sie Ihr Interesse bekunden können. Es wirkt immer gut, wenn Sie eine Frage mit den Worten einleiten können: „Sie haben vorhin erwähnt, dass ... Dazu habe ich noch eine Frage."

Fragen Sie nicht nach der Bezahlung.

Die Frage nach der Ausbildungsvergütung sollten Sie nicht im Vorstellungsgespräch stellen. Meist können Sie ohnehin nicht darüber verhandeln. Die meisten Betriebe zahlen allen Auszubildenden die gleiche Vergütung und richten sich dabei entweder nach dem gültigen Tarif oder nach den Gepflogenheiten der Branche.

Wichtiger als die Frage nach der Bezahlung sollte für Sie sein, überhaupt einen Ausbildungsplatz zu bekommen, und zwar in einem Betrieb, der Ihnen auch eine fundierte und gute Ausbildung bietet.

Das Angebot: eine Ausbildungsstelle

Manchmal wird sofort ein Lehrvertrag angeboten.

Manche Unternehmen fackeln nicht lange. Wenn Ihr Auftritt beim Vorstellungsgespräch überzeugend war, bieten sie Ihnen gleich am Ende des Vorstellungsgesprächs eine Ausbildungsstelle an. Sie dürfen Ihre Freude darüber ruhig kundtun.

178

Allerdings sollten Sie den Ausbildungsvertrag nicht sofort unterschreiben. Bitten Sie um etwas Zeit, um die Unterlagen zu prüfen. Nehmen Sie den Vertrag dann mit nach Hause und lesen Sie ihn sorgfältig durch.

Vertrag zu Hause prüfen, dann unterschreiben

Profi**TIPP**

Ja oder nein?

Angenommen, ein Betrieb bietet Ihnen einen Ausbildungsplatz an. Sie haben sich aber noch bei einem anderen Unternehmen beworben, bei dem Sie Ihre Ausbildung lieber machen würden. Jetzt ist Diplomatie gefragt. Sagen Sie nicht, dass Sie sich Hoffnungen auf einen anderen Ausbildungsplatz machen. Fragen Sie lieber, bis wann Sie den Vertrag unterschrieben zurückschicken sollen. Das verschafft Ihnen noch etwas Zeit.

Machen Sie sich keine Sorgen, wenn Sie direkt im Anschluss an das Vorstellungsgespräch noch kein Ausbildungsangebot bekommen. Das heißt nicht zwangsläufig, dass Sie abgelehnt werden. Warten Sie einfach ab. Manchmal bringt die Post einige Tage später dann doch die erhoffte Zusage mitsamt dem zugehörigen Ausbildungsvertrag.

Manchmal wird die Lehrstelle später angeboten.

Abschluss des Gesprächs und Verabschiedung

Treten Sie bei der Verabschiedung selbstbewusst auf. Bedanken Sie sich oder antworten Sie mit einem Lächeln und einem freundlichen „Bitte, gerne", wenn man Ihnen für das Gespräch dankt.

Profi**TIPP**

Ein gutes Gefühl

Wenn Ihnen das Gespräch gefallen hat, sagen Sie das ruhig. Sie können auch erwähnen, dass Sie ein gutes Gefühl haben. Das kommt gut an, zumal die wenigsten Bewerberinnen und Bewerber sich das trauen.

Verabschieden Sie sich auch freundlich von den Personen, die beim Vorstellungsgespräch zwar nicht anwesend waren, die Ihnen aber vielleicht die Jacke abgenommen oder einen Kaffee gebracht haben. Wenn Sie also etwa beim Hinausgehen im Vorzimmer an der Sekretärin vorbeikommen, sagen Sie dort ebenfalls: „Vielen Dank und auf Wiedersehen!"

Verabschieden Sie sich auch im Vorzimmer freundlich.

10.4 Was tun, wenn alles schiefgelaufen ist?

Lassen Sie sich bei einer Absage nicht entmutigen.

Es kann vorkommen, dass ein Vorstellungsgespräch nicht optimal verläuft. Dadurch sollten Sie sich nicht entmutigen lassen. Vielleicht haben Sie einfach nur einen schlechten Tag erwischt. Vielleicht haben die Interviewer es aber auch gezielt darauf angelegt, Sie in Stress zu versetzen – das ist eine durchaus gängige Methode bei der Personalauswahl, mit der aber nicht jede Bewerberin oder jeder Bewerber gleich gut zurechtkommt.

ProfiTIPP

Aus Fehlern lernen und zuversichtlich bleiben

Falls Ihnen Fragen gestellt wurden, bei denen Sie ins Schleudern geraten sind, bereiten Sie sich für das nächste Vorstellungsgespräch gezielt darauf vor. Haben Sie keine Angst davor, dass wieder etwas schiefläuft. Immerhin haben Sie die Chance, aus Ihren Fehlern zu lernen. Falls Sie einfach nur Pech hatten, schieben Sie den Gedanken an das missglückte Vorstellungsgespräch beiseite. Es wird nicht Ihre einzige Chance bleiben. Wenn Sie sich beim nächsten Gespräch gut vorbereitet und motiviert zeigen, sind die Chancen groß, dass es mit dem gewünschten Ausbildungsplatz klappt.

Der Ausbildungs-vertrag

Sie haben es geschafft! Sie haben die Verantwortlichen überzeugt und einen Ausbildungsplatz ergattert! Der Arbeitgeber darf die Ausbildung nun aber nicht einfach mit einer mündlichen Vereinbarung zusichern, weil das Gesetz für Ausbildungsverträge die Schriftform verlangt. Das heißt, Sie haben ein Recht auf einen ausgedruckten Vertrag. Er wird in zwei Ausfertigungen ausgestellt, die vom Arbeitgeber und von Ihnen unterschrieben werden. Ein Exemplar bekommen Sie, das andere verbleibt im Ausbildungsbetrieb.

Ein schriftlicher Ausbildungsvertrag steht Ihnen zu.

Wenn Sie Ihren Vertrag erhalten, lesen Sie ihn sorgfältig durch, bevor Sie ihn unterschreiben. Die Mühe sollten Sie sich auf jeden Fall machen, auch wenn die Klauseln meist in einem etwas komplizierten Deutsch abgefasst sind. Da der Vertrag rechtssicher sein muss, sind juristische Fachausdrücke leider oft unumgänglich.

Erst durchlesen, dann unterschreiben

Aus einem schriftlichen Vertrag ersehen Sie schwarz auf weiß, welche Rechte und Pflichten Sie als Auszubildender haben. Welche Angaben in einen Ausbildungsvertrag gehören und worauf Sie achten müssen, erfahren Sie auf den folgenden Seiten.

Im Vertrag stehen Ihre Rechte und Pflichten.

Profi**TIPP**

Von der Kammer geprüft

Ausbildende Unternehmen müssen jeden einzelnen Ausbildungsvertrag nach der Unterzeichnung der zuständigen IHK, Handwerks- oder sonstigen Kammer vorlegen. Diese prüft ihn dann genau auf Korrektheit und Vollständigkeit. Sie müssen sich also keine Sorgen darüber machen, dass der Vertrag unvollständig oder gar ungültig sein könnte.

11.1 Klauseln im Ausbildungsvertrag

Wer schließt den Vertrag ab?

An erster Stelle im Ausbildungsvertrag werden die beiden Vertragsparteien genannt. Das sind der Arbeitgeber, der die Lehrstelle anbietet, und Sie als Auszubildende oder Auszubildender. Die Adressen werden in der Regel ebenfalls aufgeführt. Achten Sie darauf, dass Ihre korrekt erfasst wurde.

Wenn Sie noch nicht volljährig sind, werden hier auch Ihre gesetzlichen Vertreter – meist beide Elternteile – genannt, die den Vertrag unterzeichnen müssen, damit er gültig ist.

Ausbildungsberuf und Fachrichtung

Ist der Ausbildungsberuf korrekt benannt?

Zu Beginn werden der Ausbildungsberuf und – falls vorhanden – die gewünschte Fachrichtung oder Spezialisierung aufgeführt. Gerade hier sollten Sie genau hinsehen. Denn oft wissen zumindest die kleineren Betriebe selbst nicht, wie die genaue Berufsbezeichnung lautet. Hier hat sich in den letzten Jahrzehnten einiges gewandelt. So heißt die Arzthelferin inzwischen „medizinische Fachangestellte" und der Heizungsmonteur nennt sich mittlerweile „Anlagenmechaniker – Sanitär-, Heizungs- und Klimatechnik". Wenn Ihnen ein Fehler auffällt, machen Sie Ihren künftigen Ausbildungsbetrieb darauf aufmerksam. Auch die zuständige Kammer wird darauf achten und bei Fehlern auf einer Korrektur des Ausbildungsvertrags bestehen.

---

*Profi*TIPP

Die korrekte Berufsbezeichnung
Die jeweils aktuelle, korrekte Berufsbezeichnung finden Sie entweder auf der Internetseite www.berufenet.arbeitsagentur.de. Dort können Sie die alte Bezeichnung eingeben und landen dann automatisch bei der neuen. Eine Liste aller anerkannten Ausbildungsberufe mit ihrer korrekten Bezeichnung finden Sie auch unter www.bibb.de. Klicken Sie auf „Berufe".

Ausbilder oder Ausbilderin

Wer ist für Sie als Azubi zuständig?

Der Name der Person, die für Ihre Ausbildung zuständig ist, steht ebenfalls im Vertrag. Manchmal ist das allerdings eine reine Proforma-Angabe und in der Praxis kümmert sich jemand ganz anderes um Ihre Ausbildung.

Oft aber ist es tatsächlich die Person, bei der Sie Ihre Lehre größtenteils absolvieren. Vielleicht haben Sie sie ja schon im Vorstellungsgespräch kennengelernt. Den Namen sollten sie sich auf jeden Fall gleich einprägen.

Anfangs- und Enddatum der Ausbildung

Aus dem Vertrag muss hervorgehen, wann die Ausbildung anfängt und wann sie endet. Dabei darf der Arbeitgeber nicht von den gesetzlich vorgeschriebenen Ausbildungszeiten abweichen.

Stimmen die Ausbildungszeiten?

Diese Ausbildungszeiten sind im Berufsbildungsgesetz (BBiG) festgelegt. Häufig besteht die Möglichkeit, die Ausbildung zu verkürzen, beispielsweise wenn Sie schon eine Einstiegsqualifizierung, eine berufliche Vorbildung oder einen höheren Schulabschluss (Fachhochschulreife oder Abitur) haben. In der Regel wird bereits im Ausbildungsvertrag festgehalten, ob die Voraussetzungen für eine Verkürzung vorliegen.

Eine Verkürzung der Ausbildung ist unter bestimmten Voraussetzungen möglich.

Probezeit

Jede Ausbildung beginnt mit einer Probezeit. Sie dauert laut Gesetz (BBiG) mindestens einen und höchstens vier Monate. In dieser Zeit prüft der Arbeitgeber, ob Sie sich für den gewählten Beruf eignen, ob Sie genügend Interesse zeigen, lernwillig und motiviert sind. Umgekehrt sollten Sie selbst auch noch einmal darüber nachdenken, ob die Ausbildung dem entspricht, was Sie sich vorgestellt hatten.

Die Ausbildung beginnt mit einer Probezeit.

Während der Probezeit ist eine fristlose Kündigung problemlos möglich. Sowohl der Arbeitgeber als auch Sie können das Ausbildungsverhältnis sofort beenden. Das heißt: Wer den Ausbildungsvertrag schon in der Tasche hat, hat noch lange keinen Freibrief, während der Lehrzeit zu tun und zu lassen, was er will. Zumindest zu Beginn ist eine Kündigung immer noch denkbar.

Eine fristlose Kündigung während der Probezeit ist erlaubt.

Später genießen Sie als Auszubildende/-r allerdings einen besseren Kündigungsschutz als andere Arbeitnehmer. Dann müssten Sie sich schon viel zuschulden kommen lassen, bevor man Ihnen kündigen darf. Ausnutzen sollten Sie diesen privilegierten Status aber nicht. Am Ende gibt Ihr Ausbildungszeugnis darüber Auskunft, wie zufrieden Ihr Arbeitgeber mit Ihnen war.

Strenger Kündigungsschutz bei Ausbildungsverhältnissen

Ausbildungsvergütung

Bei der Vergütung gibt es kaum Verhandlungsspielraum.

Bei der Vergütung haben Sie in aller Regel keinen Verhandlungsspielraum. Der Arbeitgeber richtet sich in den meisten Fällen nach dem gängigen Tarifvertrag oder nach den Empfehlungen, die für seine Branche gelten. Da ist es kaum möglich, mehr herauszuschlagen. Gehaltsverhandlungen bei Azubi-Verträgen sind eher unüblich.

Als Azubi verdienen Sie deutlich weniger als ausgebildete Mitarbeiter.

Die Vergütung ist oft gestaffelt nach Lehrjahren und steigt mit fortschreitender Lehrzeit an. Trotzdem ist Ihre Vergütung in der Regel nicht vergleichbar mit dem Verdienst von Arbeitnehmern, die bereits eine Berufsausbildung abgeschlossen haben. Im Gegenzug haben Sie ein Recht darauf, nicht als volle Arbeitskraft eingesetzt zu werden. Das Lernen steht im Vordergrund Ihrer Ausbildungsstelle und nicht die Arbeitsleistung, die Sie erbringen.

Urlaubsanspruch

Selbstverständlich steht Ihnen während der Ausbildungszeit Urlaub zu. Wie viel das ist, geht ebenfalls aus dem Ausbildungsvertrag hervor, und auch hier ist der Arbeitgeber an die geltenden Gesetze gebunden. Böse Überraschungen brauchen Sie hier also nicht zu befürchten.

20 bis 25 Urlaubstage sind üblich.

Allerdings kann die Zahl der Urlaubstage, die einem Lehrling zustehen, von Ausbildungsplatz zu Ausbildungsplatz variieren. Sie liegt in aller Regel zwischen 24 und 30 Werktagen oder – anders ausgedrückt zwischen 20 und 25 Arbeitstagen. Bei Werktagen werden die Samstage mitgezählt. Da aber samstags meist nicht gearbeitet wird, ist eine Angabe in Arbeitstagen aussagekräftiger. Entscheidend für die Höhe des Urlaubsanspruchs ist,

Minderjährige bekommen mehr Urlaub.

- ob Sie noch minderjährig oder schon volljährig sind. Minderjährigen steht laut Jugendarbeitsschutzgesetz mehr Urlaub zu. Bei Volljährigen richtet sich der Mindesturlaubsanspruch nach dem Bundesurlaubsgesetz.

Urlaubsanspruch laut Tarifvertrag

- ob Ihre Ausbildung tarifgebunden ist oder nicht. Oft räumen die Tarifverträge den Auszubildenden mehr Urlaub ein als das Gesetz.

Handhabung im Ausbildungsbetrieb

- ob Ihr Ausbildungsbetrieb eher großzügig bei der Urlaubsgewährung ist oder nicht.

Ausbildungsmaßnahmen außerhalb der Ausbildungsstätte

Im Ausbildungsvertrag steht, welche Berufsschule für Sie zuständig ist. Und auch sonstige Lehrveranstaltungen, an denen Sie während Ihrer Ausbildung teilnehmen werden, sind üblicherweise im Vertrag aufgeführt. Das können beispielsweise Lehrgänge in betriebs- oder brancheninternen Schulungszentren sein.

Zuständige Berufsschule und sonstige Lehrveranstaltungen

Dauer der regelmäßigen täglichen Ausbildungszeit

Hinter dieser Klausel steckt die Information, wie lange Sie täglich im Ausbildungsbetrieb arbeiten, wenn Sie nicht gerade zur Berufsschule gehen.

Tägliche Arbeitszeit im Betrieb

---

*Profi*TIPP

Anwesenheitszeiten

Meist stehen die täglichen Ausbildungszeiten nur mit ihrer Dauer, nicht aber mit einer genauen Angabe der Uhrzeit im Vertrag. Fragen Sie in einem solchen Fall rechtzeitig nach, wann Sie morgens spätestens da sein sollen und wann der Arbeitstag üblicherweise endet. Damit vermeiden Sie, versehentlich zu spät zu kommen oder zu früh zu gehen.

Pflichten des Ausbildungsbetriebs

Es folgt eine lange Aufzählung, welche Pflichten der Ausbildungsbetrieb Ihnen gegenüber hat. Dieser Teil des Vertrags ist größtenteils standardisiert. Der Ausbildungsbetrieb hat beispielsweise folgende Pflichten:

- Er muss Ihnen als Azubi die Fertigkeiten, Kenntnisse und Fähigkeiten vermitteln, die Sie im angestrebten Beruf und zum Bestehen der Prüfungen brauchen.
- Er muss einen Ausbilder oder eine Ausbilderin benennen.
- Er muss eine Ausbildungsordnung erstellen und Ihnen aushändigen, also einen Plan, in dem steht, welche Stationen Sie durchlaufen und welche Inhalte Sie sich dabei aneignen.
- Er muss für Sie die nötigen Arbeitsmittel bereitstellen, z. B. Werkzeuge, Werkstoffe und Fachliteratur.
- Er muss Sie zeitweise von der regulären Arbeit im Betrieb freistellen, damit Sie die Berufsschule besuchen können.
- Er muss einen schriftlichen Ausbildungsnachweis führen.

Der Schwerpunkt liegt auf einer fachlich guten Ausbildung.

Organisatorische Pflichten des Arbeitgebers

Weitere Pflichten des Ausbilders sind:

- Er muss Ihnen Tätigkeiten übertragen, die dem Ausbildungszweck dienen.
- Er muss bei minderjährigen Auszubildenden den Nachweis über die vorgeschriebenen ärztlichen Untersuchungen einfordern.
- Er muss das Ausbildungsverhältnis bei der zuständigen Stelle (meist bei der IHK, der Handwerks- oder sonstigen Kammer) in das Verzeichnis der Berufsausbildungsverhältnisse eintragen lassen.
- Er muss Sie rechtzeitig zu den Prüfungen anmelden.
- **Sorgepflicht** Er hat eine Sorgepflicht, muss Sie charakterlich fördern und sicherstellen, dass Sie keiner Gefährdung ausgesetzt sind.

Profi**TIPP**

Azubis = billige Hilfskräfte?

Leider kommt es in manchen Betrieben vor, dass Azubis als billige Hilfskräfte eingesetzt werden, und zwar für Tätigkeiten, bei denen sie nicht das lernen, was für ihren Wunschberuf wichtig wäre. Das sollten Sie sich nicht gefallen lassen! Wenn Ihre Ausbildung ausschließlich daraus besteht, Kaffee zu kochen, Blumen zu gießen, den Hund des Chefs spazieren zu führen oder den Hof zu fegen, läuft etwas falsch. Falls Sie bei Ihrem Arbeitgeber mit Ihrem Wunsch nach einer fundierten Ausbildung nicht auf Verständnis stoßen, wenden Sie sich an die zuständige IHK, Handwerks- oder sonstige Kammer. Dort wird man Ihnen mit Rat und Tat zur Seite stehen und notfalls sogar einen anderen Ausbildungsbetrieb für Sie suchen, damit Sie das gewünschte Berufsziel auch wirklich erreichen.

Ihre Pflichten als Azubi

Auch Sie als Azubi haben Pflichten. Die meisten davon sind selbstverständlich, trotzdem stehen sie ausdrücklich im Arbeitsvertrag, z. B.:

- **Ihre oberste Pflicht heißt Lernen.** Sie haben eine Lernpflicht.
- Sie müssen am Berufsschulunterricht, den Prüfungen und sonstigen Ausbildungsmaßnahmen teilnehmen.
- **Sie müssen sich in den Betrieb eingliedern.** Sie sind an die Weisungen des Ausbilders oder der Ausbilderin gebunden.
- Sie müssen sich an die betriebliche Ordnung halten.

Weitere Pflichten, die Sie als Azubi haben, sind:

- Sie sind zur Sorgfalt verpflichtet, müssen also Werkzeug, Maschinen, Einrichtung und alles andere, was zum Ausbildungsbetrieb gehört, pfleglich behandeln und dürfen diese Dinge nur für Arbeitsaufträge einsetzen.
- Sie müssen Betriebsgeheimnisse wahren.
- Sie müssen einen Ausbildungsnachweis führen und regelmäßig vorlegen.
- Sie müssen sich bei Arbeitsunfähigkeit krankmelden. Wenn sie länger als drei Tage dauert, legen Sie eine ärztliche Bescheinigung vor.
- Sie müssen sich, wenn Sie noch nicht volljährig sind, vor Antritt Ihrer Ausbildung oder vor Ende des ersten Ausbildungsjahres ärztlich untersuchen lassen und die ärztlichen Bescheinigungen dem Ausbildungsbetrieb vorlegen.
- Sie müssen nach Ende der Abschlussprüfung Ihren Ausbildungsbetrieb über das Ergebnis informieren.

Auch Sie als Azubi haben organisatorische Pflichten.

11.2 Unzulässige Vereinbarungen

Es gibt Vereinbarungen, die nicht zulässig sind. Beispielsweise darf der Ausbildungsbetrieb Sie nach dem Ende Ihrer Ausbildung in der Ausübung Ihres Berufs nicht beschränken. Er darf Ihnen also nicht verbieten, in Konkurrenz zu seinem Betrieb anderswo tätig zu werden. Ausnahme: Sie erklären sich in den letzten sechs Monaten Ihrer Ausbildung dazu bereit, sich von Ihrem bisherigen Ausbildungsbetrieb als Arbeitnehmer oder Arbeitnehmerin einstellen zu lassen.

Ein Konkurrenzverbot für die Zeit nach der Ausbildung ist rechtswidrig.

Von vornherein ungültig ist etwa die Vereinbarung, dass Sie als Azubi für die Berufsausbildung eine Entschädigung an den Ausbildungsbetrieb zahlen. Das ist gesetzlich verboten, und Sie sollten sich das auch gar nicht gefallen lassen.

Der Betrieb darf für die Ausbildung kein Geld von Ihnen verlangen.

Aufgepasst auch, wenn ein Arbeitgeber Ihnen abseits vom regulären Ausbildungsvertrag noch eine schriftliche Zusatzvereinbarung zur Unterschrift vorlegt. Das kommt leider hin und wieder vor. Darin sind dann plötzlich mehr Arbeitsstunden, weniger Urlaub oder eine geringere Vergütung vorgesehen als im eigentlichen Ausbildungsvertrag. Aber erlaubt ist das nicht.

Bei mündlichen oder schriftlichen Zusätzen zum Vertrag wenden Sie sich an die zuständige Kammer.

Viel Erfolg auf dem Weg zu Ihrem Wunschberuf!

In aller Regel aber wird Ihr Ausbildungsvertrag keine Fallstricke enthalten. Jetzt liegt es an Ihnen, aus Ihrer Ausbildung das Beste zu machen und Ihren Wunschberuf mit Freude und Begeisterung zu erlernen. Viel Erfolg dabei!

Hilfreiche Weblinks für die Bewerbungsphase

www.

Allgemeine Seite der **Bundesagentur für Arbeit.** Klicken Sie unter „Bürgerinnen und Bürger" auf „Ausbildung" und Sie finden alle nötigen Informationen.

arbeitsagentur.de

Auf diesem Stellenportal finden Sie neben einer **Ausbildungsplatzbörse** auch eine Praktikums- und Last-Minute-Börse.

aubi-plus.de

Auf dieser Seite des **Bundesinstituts für Berufsbildung** finden Sie Informationen rund um die Berufsausbildung, z .B. eine Sammlung stets aktueller Links der verschiedensten Lehrstellenbörsen. Klicken Sie hierfür in der linken Navigationsleiste auf „Berufswahl", anschließend auf „Ausbildungsplatzsuche".

ausbildungplus.de

Hinter diesem Internetportal steckt der **Bundesinnungsverband des Gebäudereiniger-Handwerks.** Die bundesweite Lehrstellenbörse umfasst aber alle Branchen und Berufe.

ausbildungsplatz.de

Auf diesem Internetportal können Sie **bundesweit** auf **Lehrstellensuche** gehen.

azubi-topline.de

Diese Internetseite der **Arbeitsagentur** bietet **Filme zu einzelnen Ausbildungsberufen.**

berufe.tv

Hier können Sie sich eingehend über die einzelnen **Ausbildungsberufe** informieren.

berufenet. arbeitsagentur.de

Beim **Bundesinstitut für Berufsbildung** finden Sie unter der Rubrik „Berufe" eine aktuelle Liste mit allen anerkannten Ausbildungsberufen.

bibb.de

In der gemeinsamen Lehrstellenbörse der **Industrie- und Handelskammern** können Sie regional oder bundesweit nach Ihrem Wunschberuf und dem passenden Ausbildungsbetrieb suchen.

ihk-lehrstellenboerse.de

Hier finden Sie einige, aber nicht alle ausgeschriebenen **Ausbildungsplätze.**

jobboerse. arbeitsagentur.de

Gehen Sie auf dieser Seite durch Auswahl Ihres Berufsziels aus einer Liste **bundesweit** auf **Lehrstellensuche.**

lehrstellen-boerse.de

Diese Plattform für die **Berufswahlorientierung** ist ein Portal zum Mitmachen mit Selbstchecks und Wissenstests, dem Selbsterkundungsprogramm BERUFE-Universum uvm.

planet-beruf.de

Auf der Internetseite des **Zentralverbands des deutschen Handwerks** finden Sie unter „Bildung" und „Ausbildungspakt" alle Lehrstellenbörsen der Handwerkskammern in Deutschland.

zdh.de

Register

Fotos S. 88 und S. 91:
Mit freundlicher Genehmigung von
Ramona Krause und Sebastian Machon.

Systemvoraussetzungen für die CD-Rom:
Multimedia PC der Pentium-III-Klasse oder höher, Windows XP (ab SP2), Windowa Vista, Windows 7
oder Windows 8; mindestens 280 MB Speicherplatz